土木工程技术应用与岩土勘察研究

郭雄斌　黄立新　宋　鹏　主编

中国商业出版社

图书在版编目（CIP）数据

土木工程技术应用与岩土勘察研究 / 郭雄斌，黄立新，宋鹏主编. -- 北京 : 中国商业出版社，2024. 8.
ISBN 978-7-5208-3105-5

Ⅰ. TU

中国国家版本馆CIP数据核字第2024CP7146号

责任编辑：袁　娜

中国商业出版社出版发行

（www.zgsycb.com　100053　北京广安门内报国寺 1 号）

总编室：010-63180647　编辑室：010-83128926

发行部：010-83120835/8286

新华书店经销

北京厚诚则铭印刷科技有限公司印刷

*

787 毫米 ×1092 毫米　16 开　8.75 印张　190 千字

2024 年 8 月第 1 版　2024 年 8 月第 1 次印刷

定价：48.00 元

*　*　*　*

前 言

PREFACE

土木工程是人类赖以生存的重要物质基础，其在为人类文明发展作出巨大贡献的同时，也在大量消耗资源和能源，可持续的土木工程结构是实现人类社会可持续发展的重要途径之一。随着我国具有国际水平的超级工程结构的建设不断增多，施工控制及施工力学日益成熟，在工程的建设之中发挥着重要作用。

土木工程往往根据每一个小项目的特点和施工性质单独施工，所以为了确保工程顺利施工，必须科学组织、精心安排各项施工工序。土木工程施工具有流动性、固定性、协作性和综合性以及多样性等特点。土木工程施工的时候可能会涉及工程、建筑、水利等学科，具有很强的综合性。为了使土木工程施工技术能适应社会各种设施的建造，对于传统的土木工程施工技术进行创新发展是至关重要的。为了在这个竞争日益激烈的行业中不断地向前发展，土木工程施工技术人员不仅要有过硬的施工技术、较高的综合素质，还要有创新意识。

岩土工程勘察技术是建设工程勘察的重要手段，直接服务于地基和基础工程设计。采用合理的勘察技术手段是确保建设工程安全稳定、技术经济合理的关键。随着我国经济建设的繁荣发展，工程建设场地已没有较多的选择空间，在大多数情况下，只能通过岩土工程勘察查明拟建场地及其周边地区的水文地质、工程地质条件，在对现有场地进行可行性和稳定性论证的基础上，对场地岩土体进行整治、改造再利用，这也是当今岩土工程勘察面临的新形势。随着我国基础设施建设规模的不断扩大，对岩土工程提出了一个又一个需要解决的新课题和亟待解决的新问题。

本书以土木工程技术应用与岩土勘察为主线，对土木工程技术进行了系统化的论述，包含土方工程的特点、土方量的计算与调配、土方工程降水与排水、边坡与支护、土方的回填与压实等，基于土木工程中的基础施工技术，进一步对浅基础施工、桩基础施工、沉井施工进行深入的分析探讨，多维度地探讨研究了岩土工程勘察。本书理论与实践相结合，旨在促进土木工程技术发展，提高岩土勘察水平，并兼具理论参考和实际应用价值。限于作者的学识、专业水平和时间，书中仍难免有疏漏和不妥之处，恳请广大读者指正。

目 录

CONTENTS

第一章　土木工程基础

第一节　土木工程的概念与特点

一、土木工程的定义

土木工程既指工程建设的对象（建在地上、地下、水中的各种工程设施），也指所应用的材料、设备和所进行的勘测、设计、施工、保养、维修等技术。从该定义我们看出，土木工程具有以下三层含义。

第一层，土木工程是指各类工程设施，即工程建设的对象。工程设施的范围非常广泛，既包含建造在地上或地下、陆上或水中，直接或间接为人类生活、生产、工作、科研、国防服务的各种工程设施，同时还包含运河、水库、大坝、水渠等水利工程设施，如房屋建筑工程、道路工程、铁路工程、管道运输工程、隧道工程、桥梁工程、运河工程、堤坝工程、港口工程、电站与输变电站工程、飞机场工程、海洋平台工程、给水排水工程、防灾减灾工程、防护工程等。

第二层，土木工程是指建设所需的工程材料和工程机械设备。其中，工程机械设备既包括生产土木工程材料的生产机械，又包括土木工程建设过程中的施工机械。

第三层，土木工程是指一门学科。这既指勘察、测绘、规划、设计等科学技术活动，又指施工、维护、维修、保养、改造、加固、运行管理等生产技术活动，还包括土木工程材料性能试验、工程结构性能试验、工程安全性检测等试验技术活动。

土木工程是一个涉及面极广的普适性行业。它的原意是与“军事工程”相对应的，即指除了服务于战争设施以外的、一切为了生活和生产所需要的民用工程设施的总称，但后来这个界定就不那么明确了。按照学科的划分，地下防护工程、航天发射塔架等设施也属于土木工程的范畴。

目前，土木工程已经发展出许多分支，如房屋工程、铁路工程、道路工程、飞机场工程、桥梁工程、隧道及地下工程、特种工程、给水排水工程、城市供热供燃气工程、港口工程、水利工程等学科。其中，有些分支如水利工程，由于自身工程对象的不断增多及专门科学技术的发展，已从土木工程中分化出来成为独立的学科体系，但是它们在很大程度上仍具有土木工程的共性。

二、土木工程的特点

土木工程作为一门应用科学技术，具有以下几个基本属性。

（一）社会性

土木工程的发展伴随着人类社会的发展，伴随着社会不同历史时期的科学技术和管理水平而发展。它所建造的工程设施反映出各个历史时期社会经济、文化、科学、技术发展的水平，因而土木工程也成为社会历史发展的见证之一。例如，远古时期，人们就开始修筑简陋的房舍、道路、桥梁和沟渠，以满足简单的生活和生产需要。后来，人们为了适应战争、生产、生活及宗教传播的需要，兴建了城池、运河、宫殿、寺庙及其他各种建筑物，如我国的长城、都江堰、京杭大运河等。

（二）综合性

建造一项工程设施一般要经过勘察、设计、施工和运行管理四个阶段，需要运用工程地质勘察、工程测量、土力学、工程力学、工程设计、建筑材料、建筑设备、工程机械、建筑经济、工程管理等多个学科的知识，因而土木工程是一门涉及学科范围众多的综合性学科。

（三）实践性

影响土木工程的因素既多又错综复杂，因而土木工程是具有很强实践性的学科。在早期，土木工程是通过工程实践，总结成功的经验，尤其是吸取失败的教训发展起来的。从17世纪开始，以伽利略和牛顿为先导的近代力学同土木工程实践结合起来，逐渐形成以材料力学、结构力学、流体力学、土力学、岩体力学等为力学理论框架的应用学科。这样，土木工程才逐渐从经验发展成为科学。

在土木工程的发展过程中，工程实践经验常先行于理论，工程事故常显示出未能预见的新因素，触发新理论的研究和发展。从古至今，不少工程问题的处理，在很大程度上仍然依靠实践经验。

（四）技术、经济和艺术的统一性

土木工程既然是为人类生活、生产和娱乐服务的，那么它必然与社会相应历史时期的技术、经济和艺术相协调、相统一。人们力求建造最经济的工程设施，用以满足使用者的各种需求（包括审美要求）。而一项工程的经济性又和各项技术活动密切相关，如工程选址、总体规划、设计和施工技术等，这些都影响着工程建设的总投资、工程建成后的经济效益和使用期间的维修费用。

（五）建造过程单项性

土木工程一般按照建设单位的设计任务书和招标要求进行单项设计、单项施工，并且多数是在自然环境中建造。土木工程的建造周期较长，大自然和社会环境的风险较多，因而建造过程中的质量和安全问题十分重要。

第二节　土木工程的作用与发展

一、土木工程的作用

（一）关乎人类生存的基础性产业

人类生存与生活离不开衣、食、住、行四件大事，而土木工程密切联系着每个人生活中的这四件事。在衣方面，纺纱、织布、制衣等均要在工厂内进行，这与土木工程间接有关。在食方面，打井取水，筑渠灌溉，建水库蓄水，建粮食加工厂、粮仓、冷库等，这都与土木工程间接有关。在住方面，人类的生活、生产离不开房屋建筑，这与土木工程直接有关。在行方面，铁路、公路、机场、港口、码头、运河等交通工程设施离不开土木工程，这与土木工程直接有关。

（二）国民经济发展的带动性行业

1. 涉及行业众多

土木工程的上游和下游企业很多，涉及多个行业，如冶金、建材、机械制造、运输等行业。土木工程物资消耗占全国总消耗量的比例分别为钢材25%、木材40%、水泥70%、玻璃76%、塑料25%、运输量28%。土木工程的发展带动了相关产业的发展和繁荣。

2. 挖掘和吸纳劳动力资源的重要平台

土木工程属于劳动密集型产业，其容纳的就业人数占全社会劳动者人数的8%左右，是转移农村富余劳动力、解决就业问题的主要途径。

同时，土木工程的劳务输出也是我国对外输出的重要方面。

3. 可以大幅度拉动国民经济增长

政府扩大内需采取积极的财政政策时，重要的资金投向就是土木工程方面的基础建设。一些大型基本建设工程投资巨大，如京沪高铁工程、南水北调工程、西气东输工程、青藏铁路工程等总投资均超过千亿元。

4. 能够吸收大量的消费资金

当人民的生活水平提高到一定程度时，社会消费资金会有较大幅度的增加。这时，会出现三种情况：一是增加消费，使消费资金转化为生产资金，从而刺激生产，使经济向良性循环的方向发展；二是消费结构不合理，市场存在供不应求现象，这时消费资金的大幅增加就会引起通货膨胀；三是储蓄资金增加，这对市场是潜在的压力，却不能通过市场机制用于生产，若处理不当则可能引起生产萎缩。如果后两种情况同时存在，问题就更为严重。许多国家的经验表明，把社会消费资金（包括储蓄）吸引到住宅消费上是一个两全其美的办法，这一方面为社会消费资金提供了良好的出路，另一方面也为土木工程提供了大量的生产资金，从而达到引导消费、调整消费结构、促进生产的效果。

5. 国家实现经济宏观调控的重要方法

土木工程对国民经济的发展有一定的调节作用，因此当国民经济处于萧条期时，可以通过扩大国家对公共事业的投资，如市政工程、高速公路等，刺激土木工程及与土木工程密切相关的行业的发展，从而引起对其他行业需求的螺旋式增长；反之，当国民经济出现过热现象时，国家可通过压缩公共投资规模、取消对住宅消费的优惠政策等措施，抑制土木工程的发展，这样也就抑制了其他行业的发展，使国民经济走上稳定发展的轨道。

我国实行的是社会主义市场经济，土木工程对国民经济的调节作用是通过扩大或压缩固定资产投资规模来实现的。

6. 国家财富的重要组成部分

土木工程产值在国内生产总值中占有重要地位，能为社会创造新价值，为国家增加财富积累。长期以来，我国建筑业所创造的总产值和增加值，在社会总产值和国民生产总值中分别占到10%和6%左右的份额。土木工程创造的固定资产在固定资产形成总值中占有很大比重。此外，土木工程也是政府财政收入的重要来源，其每年提供的税利一般可占政府财政收入的10%～40%。

7. 关系国计民生的支柱产业

土木工程是国民经济的重要物质生产部门，是国民经济和社会发展的物质技术基础。土木工程建造的产品转给使用者之后，就形成了各种生产性和非生产性的固定资产。它是国民经济各物质生产部门和交通运输部门进行生产的手段，是人民生活的重要物质基础。有些国家把土木工程与钢铁工业、汽车工业并列为国民经济的三大支柱，我国一直将土木工程与工业、农业、交通运输业、商业合称为五大物质生产部门，可见土木工程在国民经济中所占地位的重要性。

8. 能够创收外汇，增加国家收入

土木工程走向国际承包市场，既能发展经济、扩大影响，又可以带动资本、技术、劳务、设备及商品输出创收外汇，这为国家的出口创汇工作起到了巨大的作用。

（三）土木工程在国防军事建设中的作用

从古代最原始的军事工程，到当今现代化的军事建设，土木工程一直发挥着相当重要的作用。特别是在军事防御方面，土木工程的作用更为突出。

1. 古代军事中土木工程的作用

在冷兵器时代，土木工程在军事防御过程中一直处于相当重要的位置。例如，我国长城的修筑是为了抵御北方的匈奴侵袭，从秦朝起一直到明朝，长城始终在军事防御上发挥着无可替代的作用。又如，在世界范围内，古代的城池多是以高高的城墙包围着城市，再以护城河围护着城墙，以抵御敌人的进攻。毫不夸张地说，在冷兵器时代，土木工程的建设对于一个国家有着生死存亡的重要性。

2. 近代军事中土木工程的作用

在近代，土木工程在军事防御建设中的作用依然重要。如碉堡，其用砖、石、钢筋混凝土等建成，主要作用是防守。20世纪40年代，碉堡在德国作为避难所，在苏联作为储存场所，在日本和其他国家作为军事检查堡垒。在当今社会，碉堡可能已经失去了曾经在军事防御中的重要地位，但在某些领域依然具有重要的用途，如在恐怖袭击中作为避难所。又如防空洞，其能够有效地保护人们的生命安全，减少敌军空袭带来的损失，因此，目前几乎所有的城市中，高楼大厦下面都有防空洞。

3. 当代军事中土木工程的作用

当代军事技术发展迅速，新型武器不断地被研制出来，传统模式的攻击方式已经改变。面对不同的攻击方式，需要有不同的防御措施。在高技术、信息化的战争中，土木工程的作用显得尤为重要，不仅在军事防御中有着重要的战略意义，在军事建设的很多方面也有着重要作用，如军用机场的建设，水下潜艇基地的建设，核电站、核设施的建设，军港的建设，导弹发射塔的建设以及军事抢险等。

二、土木工程的发展历史

从人类为了满足住和行及生产活动的需要，从构木为巢、掘土为穴的原始操作开始，到今天能建造摩天大厦、万米长桥，以至移山填海的宏伟工程，经历了漫长的发展过程。在这期间，土木工程可以分为古代、近代和现代三个阶段。

（一）古代土木工程

古代土木工程有着很长的时间跨度，大致从新石器时代（公元前5000）开始至17世纪中期。随着年代的推移，具有代表性的古代土木工程有以下几个。

1. 中国黄河流域的仰韶文化遗址和西安半坡村遗址

仰韶文化（公元前5000—前3000）是我国新石器时代的一种文化。1921年，首次发现于河南渑池仰韶村，分布于黄河中下游流域，有残穴和平面为圆形、方形和多室联排呈矩形的地面建筑残迹。西安半坡村遗址（公元前4800—前3600，于1954年开始发掘）有很多圆形房屋的痕迹。经分析，它们是直径为5～6m圆形房屋的土墙，墙内竖有木柱，支承着用茅草做成的屋面，茅草下有起龙骨作用的密排树枝。半坡村遗址中现仍有木柱底的残穴和一些地面建筑残迹。

2. 埃及帝王陵墓建筑群——吉萨金字塔群

其建于公元前27世纪，以古王国第四王朝法老胡夫的金字塔最大。胡夫金字塔塔基呈方形，每边长230.5m、高约146m，用230多万块巨石砌成，塔内有甬道、石阶、墓室等。

3. 中国长城

公元前7世纪的春秋时期，楚国开始建造绵延数百里的长城。秦统一六国后（公元前221），将战国时期各国修筑的自卫长城连接起来，其长约2500km。此后，汉朝、南北朝、隋朝直至明朝都大规模修筑长城。如今西起嘉峪关，东至山海关绵延8850km的长城，是明代遗留下来的。

4. 中国四川的都江堰

始建于战国时期秦昭王末年（公元前256—前251）的四川都江堰大型引水枢纽，是世界历史上最长的无坝引水工程。此工程以灌溉为主，兼有防洪、水运、供水等多种功能，一直沿用至今。其规模之大、规划之周密、技术之合理，均为前所未有。

5. 土耳其的索菲亚大教堂

公元532—537年建造于君士坦丁堡（今土耳其伊斯坦布尔）的索菲亚大教堂为砖砌穹顶（圆形球壳），穹顶直径约33m、高约55m，支承在大跨砖拱和用巨石砌筑的巨型柱上。

6. 中国山西应县木塔

应县木塔即佛宫寺释迦塔，建成于公元1056年，为八角形，塔高67.3m，底层直径为30.27m。该塔共9层，其中8层是用3m左右长的木柱支顶重叠而成，为内外两环柱网、用交圈的扶壁拱组成的双层套筒式结构。应县木塔是保存至今的唯一木塔，也是我国现存的最高木结构之一。它历经多次大地震仍完整无损，足以证明我国历史上木结构的辉煌成就。

7. 中国的宫殿及庙宇建筑

中国历代封建王朝建造的大量宫殿和庙宇建筑都是木构架结构。木构架结构是用木梁、木柱做承重骨架，用木质斗拱做大挑檐，四壁墙体都是自承重隔断墙的一种结构。

8. 西欧的教堂建筑

以意大利比萨大教堂和法国巴黎圣母院为代表的西欧教堂建筑，都采用了砖石拱券结构。

在这个历史时期，土木工程所用的材料最早只是当地的天然材料，如泥土、砾石、树干、树枝、竹、茅草、芦苇等，后来出现了土坯、石材、砖、瓦、木、青铜、铁、铅以及混合材料（如草筋泥、混合土等）。土木工程的工艺技术最早只是利用石斧、石刀等简单工具，后来出现了斧、凿、钻、锯、铲等青铜和铁质工具，兴起了窑制和煅烧加工技术，以及打桩机、桅杆起重机等施工机械。工程上的分工也日益细致，分化为木工、瓦工、泥工、土工、窑工、雕工、石工、彩画工等。

但是，在这个时期内，除了有一些经验总结和形象描述土木工程的著作，如中国的《考工记》（公元前5世纪）、《营造法式》（公元1100），意大利的《论建筑》（文艺复兴时期阿尔贝蒂著）外，土木工程缺乏理论上的依据和指导。

（二）近代土木工程

近代土木工程的时间跨度是从17世纪中期至20世纪中期的300年。这个历史时期内土木工程的主要特征是：①有力学和结构理论作为指导；②砖、瓦、木、石等建筑材料得到日益广泛的使用，混凝土、钢材、钢筋混凝土以及早期的预应力混凝土得到发展；③施工技术进步很大，建造规模日益扩大，建造速度大大加快。在这个历史时期，以下几件大事具有重要意义。

一是意大利学者伽利略在1638年出版的著作《关于两门新科学的对话》中，论述了建筑材料的力学性质和梁的强度，首次用公式表达了梁的设计理论。

二是英国科学家牛顿在1687年总结了力学三大定律，它们是土木工程设计理论的基础。

三是瑞士数学家欧拉在1744年出版的《寻求具有某种极大或极小性质的曲线的方法》

中建立了柱的压屈理论，得到计算柱的临界受压力的公式，为分析土木工程结构物的稳定问题奠定了基础。

四是1825年，纳维建立了土木工程中结构设计的容许应力分析法；19世纪末，里特尔等提出极限平衡的概念。他们都为土木工程的结构理论分析打下了基础。

五是1824年，英国人阿斯普丁取得了波特兰水泥的专利权，1850年开始生产水泥。水泥是形成混凝土的主要材料，这使得混凝土在土木工程中得到广泛的应用。后来，在20世纪初，有人发表了水灰比等学说，初步奠定了混凝土强度的理论基础。

六是1859年，贝塞麦转炉炼钢法被发明了出来，使得钢材得以大量生产，并越来越多地应用于土木工程。

七是1867年，法国人莫尼埃用铁丝加固混凝土制成花盆，并把这种方法推广到工程中，建造了一座蓄水池，这是应用钢筋混凝土的开端。1875年，他主持建造了第一座长16m的钢筋混凝土桥。

八是1883年，“摩天楼之父”詹莱在美国的芝加哥建造了11层住宅保险大楼。该楼是世界上最早用铁框架（部分钢梁）承受全部大楼里的重力，外墙仅为自承重墙的高层建筑。同年，美国建成世界上第一座大跨钢悬索桥——布鲁克林大桥。1889年，法国在巴黎建成高300m的埃菲尔铁塔，该塔使用钢材约8000t。它们是近代高层建筑结构的萌芽。此外，奥蒂斯在19世纪50年代初期发明的安全升降机也使高层建筑成为可能。升降机最先采用的是蒸汽动力升降机，直到1857年，在纽约才安装了第一台乘人用的升降机。

九是1886年，美国人杰克逊首先应用预应力混凝土制作建筑配件，后又用它制作楼板。1930年，法国工程师弗涅希内将高强度钢丝用于预应力混凝土，克服了因混凝土徐变造成所施加的预应力完全丧失的问题。此后，预应力混凝土在土木工程中得到广泛应用。

（三）现代土木工程

20世纪50年代后，社会经济与现代科学技术的迅速发展，为土木工程的进一步发展提供了强大的物质基础和技术手段，开始了以现代科学技术为后盾的土木工程新时代。现代土木工程有如下特点。

1. 土木工程功能化

土木工程功能化，即土木工程日益同它的使用功能或生产工艺紧密结合，主要表现在以下三个方面。

（1）公共和住宅建筑物要求建筑、结构、给水排水、采暖、通风、供燃气、供电等现代技术设备结合成整体。

（2）工业建筑物往往要求恒温、恒湿、防微振、防腐蚀、防辐射、防火、防爆、防磁、除尘、耐高（低）温、耐高（低）湿，并向大跨度、超重型、灵活空间方向发展。

（3）发展高科技和新技术对土木工程提出高标准要求。例如，发展核工业需要建造安全度极高的核反应堆和核电站；研究微观世界需要建造技术要求极高的加速器工程；发展海洋采、炼、贮油事业要求建造多功能的海洋工程，如海上采油平台、海上炼油厂、海底油库等。

2. 城市建设立体化

自20世纪中期以来，城市建设有以下两个趋向。

（1）高层建筑的大量兴起。城市人口大量集聚，密度猛增，造成城市用房紧张、地价昂贵，使得高层建筑获得较大发展，不少国家的高层建筑几乎占整座城市建筑面积的30%～40%。美国的高层建筑数量最多，高度在160～200m的建筑有100多幢。20多年来，中国、马来西亚、新加坡、韩国等东南亚国家的高层建筑获得很大的发展。目前，世界最高的钢筋混凝土结构建筑为450m高的马来西亚石油双塔大厦；最高的钢混组合结构为828m高的迪拜哈利法塔。

（2）地下工程的高速发展。地下工程，如地下铁道、地下商业街、地下停车库、地下体育馆、地下影剧院、地下工业厂房、地下仓库等，发展迅速。有些城市已经形成规模宏大的地下建筑群。

3. 交通运输高速化的标志

（1）高速公路的大规模修建。据不完全统计，仅21世纪初，全世界已有近百个国家和地区拥有高速公路，总长约4 × 105 km，其中有近20个国家和地区拥有1000km以上，如美国约8.9 × 104 km，德国约1.3 × 104 km。高速公路已在一定程度上取代了铁路的职能。

（2）铁路电气化的形成和大量发展。1964年10月，日本东京至大阪的“新干线”行车速度达到210km/h，为普通铁路列车行车时速的3倍。1981年，法国巴黎到里昂的高速铁路运行速度高达270km/h，把高速铁路的发展推向新阶段。1983年，德国建设了一条长32km的磁悬浮列车试验线，行驶速度达412km/h。我国高速铁路起步于2005年，2010年开通的京沪高速铁路设计速度为300 km/h，全长1318km，投资2000多亿元，是目前世界上一次建成的最长的高速铁路。截至2020年年底，我国高速铁路营业总里程为3.8万公里。

（3）长距离海底隧道的出现。日本的青函海底隧道越过津轻海峡，连接本州（青森）与北海道（函馆），长53.85 km，是世界上最长的海底铁路隧道。它的埋深为100m，海水深度为140m。英法之间的英吉利海峡隧道于1990年贯通，长50.5km，最浅处埋深45m，海水深度为60m。上海黄浦江打浦路隧道是我国第一条水底隧道，于1970年建成通车，全长2.76km。港珠澳大桥海底隧道全长5.564km，是世界上最长的公路沉管隧道。

（四）未来土木工程

随着社会的发展，构成土木工程的几个要素：材料、施工和设计理论，以及工程教育理论也出现了新的发展趋势。

1. 建筑材料的轻质高强化

现在，建筑材料正向轻质高强化发展。其中，普通混凝土向轻骨料混凝土、加气混凝土和高性能混凝土方向的发展尤其迅速。混凝土的密度由2400 kg/m^3降至600～1100 kg/m^3，抗压强度由20～40MPa提高到60～100MPa，其他性能得到了很大改善。此外，钢材也在向低合金、高强度方向发展。一批轻质高强材料，如铝合金、建筑塑料、玻璃钢也得到了迅速发展。

2. 施工过程的工业化、装配化

在现代土木工程中，出现了在工厂里成批生产房屋、桥梁等的各种构配件、组合体，再将它们运到建设现场进行拼装的施工方式。此外，各种先进的施工手段，如大型吊装设备、混凝土自动搅拌输送设备、现场预制模板、石方工程中的定向爆破等，也得到很大发展。

3. 设计理论的精确化、科学化

设计理论精确化、科学化表现为理论分析由线性分析到非线性分析，由平面分析到空间分析，由单个分析到系统的综合整体分析，由静态分析到动态分析，由经验定值分析到随机分析乃至随机过程分析，由数值分析到模拟试验分析，由人工手算、人工做比较方案、人工制图到计算机辅助设计、计算机优化设计、计算机制图。此外，土木工程学的学科理论，如可靠性理论、土力学和岩体力学理论、结构抗震理论、动态规划理论、网格理论等也得到迅速发展。

第二章　土木工程中的土方施工技术

第一节　土方工程的特点

一、土的分类

土的种类繁多，其性质会直接影响土方工程的施工方法、劳动力的消耗、工程费用和保证安全的措施，应予以重视。我国按照坚硬程度、开挖方法及使用工具的不同，将上分为松软土、普通土、坚土、砂砾坚土、软石、次坚石、坚石、特坚石八类。

二、土的性质

天然状态下的土由土颗粒、土中的水和土中的空气三部分组成。不同的组成比例对应不同性质的土体，对工程也有不同的影响。土有各种工程性质，其中对施工影响较大的性质有土的密度、含水量、可松性和渗透性等。

（一）土的密度

1. 土的天然密度

土在天然状态下单位体积的质量，称为土的天然密度，用ρ表示：

$$\rho = \frac{m}{V} \tag{2–1}$$

式中：m——土的总质量；

V——土的天然体积。

2. 土的干密度

单位体积中土的固体颗粒的质量称为土的干密度，用ρ_d表示：

$$\rho_d = \frac{m_s}{V} \tag{2-2}$$

式中：m_s——土中固体颗粒的质量。

土的干密度越大，表示土越密实。工程上把土的干密度作为评定土体密实程度的标准，以控制基坑底及填土工程的压实质量。

（二）土的含水量

土的含水量ω是土中水的质量与固体颗粒的质量之比，反映着土的干湿程度。以百分数表示：

$$\omega = \frac{m_w}{m_s} \times 100\% \tag{2-3}$$

式中：m_w——土中水的质量；

m_s——土中固体颗粒的质量。

土的含水量影响土方施工方法的选择、边坡的稳定和回填土的质量。

含水量在5%以下的土称为干土，含水量在5%～30%的土称为潮湿土，含水量在30%以上的土称为湿土。含水量越大，土就越湿，对施工越不利，在土方开挖时，应采取排水措施。在一定的含水量条件下，用同样的夯实机具，可使回填土达到最大的密实度，此时的含水量称为最佳含水量。因此，在回填土时，应使土的含水量处在最佳含水量的范围之内。

（三）土的可松性

自然状态下的土经开挖后，其体积因松散而增大，以后虽经回填压实，其体积仍不能恢复原状，这种性质称为土的可松性。

土的可松性对土方量的平衡调配、确定场地设计标高、计算运土机具的数量、确定基坑（槽）开挖时的留弃土量及计算挖填方所需体积等均有很大影响。

（四）土的渗透性

土的渗透性指水流通过土中孔隙的难易程度。水在单位时间内穿透土层的能力称为渗透系数，用k表示，单位为m/d。

地下水在土中的渗透速度一般可按达西定律计算，其公式如下：

$$v = k\frac{H_1 - H_2}{L} = k\frac{h}{L} = ki \tag{2-4}$$

式中：v——水在土中的渗透速度；

k——土的渗透系数；

i——水力坡度，$i=(H_1-H_2)/L$，即A、B两点水头差与其渗透路径之比。

k值的大小反映土体透水性的强弱，土的渗透系数可以通过室内渗透试验或现场抽水试验确定。土的渗透性取决于土质、地下水的流动以及水在土中的渗透速度。如黏土的渗透系数小于0.1m/d，细砂为5～10m/d，而砾石则为100～200m/d。

三、土方施工准备工作

土方工程包括土的开挖、运输和填筑等施工过程，有时还要进行排水、降水、土壁支撑等准备工作。土方工程施工往往具有工程量大、劳动繁重和施工条件复杂等特点；其又受气候、水文、地质、地下障碍等因素的影响，不可确定的因素较多，有时施工条件极为复杂。在工程建设中，比较常见的土方工程有：场地平整、基坑（槽）开挖、地坪填土、路基填筑和基坑回填土等。土方施工的准备工作主要包括以下内容。

土方开挖前，应查明施工场地明、暗设置物（电线、地下电缆、管道、坑道等）的位置及走向，并采用明显记号标示。严禁在距离电缆1m以内作业。应根据施工方案的要求，将施工区域内的地下、地上障碍物清除。

建筑物或构筑物的位置或场地的定位控制线（桩）、标准水平桩及开槽的灰线尺寸，必须经过检验，并完成预检手续。

夜间施工时，应有足够的照明设施；在危险地段应设置明显标志，并要合理安排开挖顺序，防止错挖或超挖。

开挖有地下水位的基坑槽、管沟时，应根据当地工程地质资料，采取措施降低地下水位。一般要降至开挖面以下0.5m，然后才能开挖。

施工机械进入现场所经过的道路、桥梁和卸车设施等，应事先检查，必要时要进行加固或加宽等准备工作。

选择土方机械时，应综合考虑施工区域的地形与作业条件、土的类别与厚度、总工程量和工期，使施工机械的效率最大化。

在机械无法作业的部位施工以及进行修整边坡坡度、清理槽底等工作时，均应配备人工。

第二节　土方量的计算与调配

一、基坑、基槽土方量计算

根据建筑设计要求，在场地平整土方工程施工之前，通常要计算土方的工程量。但土方外形往往复杂、不规则，要得到精确的计算结果很困难。一般情况下，可以按方格网将其划为一定的几何形状，并采用具有一定精度且和实际情况近似的方法进行计算。当基坑上口与下底两个面平行时，其土方量可按拟柱体（由两个平行的平面做底的一种多面体）体积公式计算。

$$V = \frac{H}{6}\left(A_1 + 4A_0 + A_2\right) \tag{2-5}$$

式中：H——基坑深度，m；

A_1、A_2——基坑上、下底面积，m^2；

A_0——基坑中截面面积，m^2。

基槽沿长边方向且根据其断面呈连续性变化时，其土方量可以用同样的方法计算。

$$V = \frac{L}{6}\left(A_1 + 4A_0 + A_2\right) \tag{2-6}$$

式中：L——基槽长度，m；

A_1、A_2——基槽两端断面面积，m^2；

A_0——基槽中截面面积，m^2。

二、场地平整

场地平整是根据建筑设计的要求，将拟建的建筑物场地范围内的天然地面，通过人工或机械的方式改造成施工所要求的建筑平面，即通常所说的“三通一平”中的“一平”。场地平整土方量的计算一般采用方格网法，可按以下几个步骤进行。

第一，将地图上的整个施工场地划分为10~40m的方格网。

第二，测量并计算各方格网角点的自然地面标高。

第三，确定场地的设计标高，并根据泄水坡度要求计算各方格网角点的设计标高。

第四，场地设计标高确定后，求出平整的场地方格网各角点的施工高度。

第五，确定零线（挖填方的分界线）的位置。确定零线的位置有助于了解整个场地的挖、填区域分布状态。

第六，然后按每个方格角点的施工高度算出挖、填土方量，并计算场地边坡的土方量，这样可得到整个场地的挖、填土方总量。

三、土方调配

土方调配是土方工程施工组织设计（土方规划）中的一个重要内容，在平整场地土方工程量计算完成后进行。编制土方调配方案应根据地形及地理条件，把挖方区和填方区划分成若干个调配区，计算各调配区的土方量，并计算每对挖填方区之间的平均运距（挖方区重心至填方区重心的距离），确定挖方各调配区的土方调配方案。应使土方总运输量最小或土方运输费用最少，而且便于施工，从而可以缩短工期、降低成本。调配方案确定后，应绘制土方调配图。在土方调配图上要注明挖填调配区、调配方向、土方数量和每对挖填方区之间的平均运距。

土方调配应力求达到挖方与填方平衡和运距最短，并考虑近期施工与后期利用的原则。进行土方调配，必须依据现场具体情况，按照有关技术资料、工期要求、土方施工方法与运输方法，并经计算比较，选择经济合理的调配方案。

划分调配区应注意：调配区的划分应与房屋或构筑物的位置相协调，以满足工程施工顺序和分期施工的要求，使近期施工和后期利用相结合；调配区的大小，应考虑土方及运输机械的技术性能，使其功能得到充分发挥；调配区的范围应与计算土方量用的方格网相协调；就近借土区或就近弃土区均可作为一个独立的调配区；调配区划分还应尽可能与大型地下建筑物的施工相结合，避免土方重复开挖。

第三节 土方工程降水与排水

对于大型基坑，由于土方量大，当遇上雨季或有地下水，特别是流砂时，施工会变复杂，因此应事先拟订施工方案，着重解决降水与基坑排水等问题，同时还应注意防止边坡塌方。

一、基坑排水

开挖底面低于地下水位的基坑时，地下水会不断渗入坑内；雨季施工时，地面水也会流入坑内。如果流入坑内的水不及时排走，不但会使施工条件恶化，更严重的是水会把土泡软，可能造成边坡塌方和坑底土的承载能力下降。因此，在基坑开挖前和开挖时，均需做好排水工作，保持土体干燥。基坑排水方法，可分为明排水法和人工降低地下水位法两类。

（一）明排水法

明排水法是在基坑开挖过程中，在坑底设置集水井，并沿坑底的周围或中央开挖排水沟，使水流入集水井中，然后用水泵抽走。抽出的水应予引开，以防倒流。简言之，现场采取的方法就是截流、疏导、抽取。如基坑较深，可采取分层明排水法，一层一层地加深排水沟和集水井，逐步达到设计要求的基坑断面和坑底标高。明排水法设备简单、操作便捷，是最经济、使用范围最广的降水方法。

（二）人工降低地下水位法

人工降低地下水位，就是在基坑开挖前，预先在基坑四周埋设一定数量的滤水管（井），利用抽水设备从中抽水，使地下水位降到坑底以下，同时在基坑开挖过程中不断抽水。这样，可使所挖的土始终保持干燥状态，从根本上防止流砂出现，从而改善了工程条件。同时土内水分排出后，边坡可改陡，以减小挖土量。人工降低地下水位，雨季施工时应在基坑四周或水的上游开挖截水沟或修筑土堤，以防地面水流入坑内。集水井应设置在基础范围以外、地下水走向的上游。根据地下水量的大小、基坑平面形状及水泵抽水能力，每隔20～40m设置一个集水井。集水井的直径或宽度，一般为0.6～0.8m。集水井井底深度随着挖土的加深而加深，经常低于挖土面0.7～1.0m，井壁可用竹、木等简易加固。当基坑挖至设计标高后，井底铺设碎石滤水层，以免在抽水时间较长时将泥沙抽出，并防止井底的土被搅动。

二、井点降水法

（一）井点降水的原理

井点降水就是在基坑开挖前，预先在基坑四周埋设一定数量的滤水管（井），在基坑开挖前和开挖过程中，利用真空原理，不断抽出地下水，使地下水位降低到坑底以下。

（二）井点降水的作用

井点降水法不仅是一种施工措施，也是一种地基加固方法，其具有多种作用，主要作用如下：防止地下水涌入坑内；防止边坡由于地下水的渗流而引起塌方；使坑底的土层消除了地下水位差引起的压力，防止了坑底的管涌；降水后，使板桩减少了横向荷载；消除了地下水的渗流，也就防止了流砂现象的发生；降低地下水位后，还能使土壤固结，增加地基土的承载能力。

（三）井点降水的方法

井点降水的方法有轻型井点法、喷射井点法、电渗井点法、管井井点法、深井井点法等，可根据降水深度、土层渗透系数、技术设备条件等合理选用。以下对轻型井点法进行详述。

1. 轻型井点法的设备

轻型井点法由管路系统和抽水设备两部分组成。

（1）管路系统包括：滤管、井点管、弯联管及总管。滤管为进水设备，通常采用长1.0～1.5m、直径38mm或51mm的无缝钢管，管壁钻有直径为12～19mm的滤孔。骨架管外面包两层孔径不同的生丝布或塑料布滤网。为使流水畅通，在骨架管与滤网之间用塑料管或梯形铅丝隔开，塑料管沿骨架绕成螺旋形。滤网外面再绕一层粗铁丝保护网，滤管下端为一铸铁塞头，滤管上端与井点管连接。井点管为直径38mm或51mm、长5～7m的钢管。井点管的上端用弯联管与总管相连。集水总管为直径100～127mm的无缝钢管，每段长4m，其上端有井点管连接的短接头，间距0.8m或1.2m。

（2）抽水设备是由真空泵、离心泵和水气分离器（又叫集水箱）等组成，一套抽水设备的负荷长度（集水总管长度）为100～120m。常用的W5、W6型干式真空泵，其最大负荷长度分别为100m和120m。

2. 轻型井点法的布置

（1）轻型井点法平面布置应根据水文地质资料、工程要求和设备条件等确定。一般要求掌握的水文地质资料有：地下水含水层厚度、承压或非承压水及地下水变化情况、土质、土的渗透系数、不透水层的位置等。要求了解的工程性质主要有：基坑（槽）形状、大小及深度。此外，还应了解设备条件，如井管长度、泵的抽吸能力等。

（2）平面布置。

①单排布置：适用于基坑（槽）宽度小于6m，且降水深度不超过5m的情况。

②双排布置：适用于基坑（槽）宽度大于6m或地质不良的情况。

③环形布置：适用于大面积基坑。

④U形布置：当土方施工机械需进出基坑时可采用。采用U形布置时，井点管不封闭的一端应在地下水的下游方向。

（3）高程布置。高程布置需确定井点管埋深，即滤水管上口至总管埋设面的距离。此外，确定井点管埋深时，为了安装井点总管的需要，井点管一般要露出地面0.2m。

3. 轻型井点法的施工

轻型井点法的施工程序为敷设总管、冲孔埋设井点管、安装抽水设备、抽水试运转。井点管埋深一般采用冲孔法。用起重设备将冲管吊起，插在井点位置上，然后开动高压水泵，将土冲松。冲管则边冲边沉，冲孔直径一般为300mm，以保证井管四周有一定厚度的砂滤层，冲孔深度宜比滤管底深0.5m左右，以防冲管拔出时部分土粒沉于底部而触及滤管底部。

三、降水对周围的影响及防止措施

降低地下水时，由于土层的不均匀性和形成的水位呈漏斗状，地面沉降多为不均匀沉降，可能导致周围地面、建筑物的开裂或管线的断裂。因此，在进行井点降水时，为防止降水影响或损害区域内的建筑物，必须阻止建筑物下的地下水流失。为此，除了在降水区域和原有建筑物之间的土层中设置一道固体抗渗屏障外，还可用回灌井点补充地下水的办法来保持地下水位。回灌井点是防止井点降水损害周围建筑物的一种经济、简便、有效的办法，在降水的同时通过回灌井向土层内灌入适量的水，使原建筑物下仍能保持较高的地下水位，以减小其沉降程度。为确保基坑施工的安全和回灌的效果，回灌井点与降水井点之间应保持一定的距离，一般不小于6m。

回灌的做法及技术要求如下。

第一，回灌井为较长的穿孔井管，回滤管、外填滤料、黏土封口、回灌井的计算同一般井点计算。

第二，回灌井的回灌水位曲线呈倒漏斗形。

第三，为防止降水和回灌两井相通，应保持两者距离6m以上。

第四，回灌井点的深度控制在长期降水曲线以下1m为宜。

第五，回灌应用清水。

此外，井点降水的同时，还可以采用减少土粒损失法、设置止水帷幕等方法，以减小井点降水对周围的影响。

第四节　边坡与支护

一、边坡

在开挖基坑、沟槽或填筑路堤时，为了防止塌方，保证施工安全及边坡稳定，其边沿应考虑放坡。土方边坡的坡度以其高度与底宽之比表示。边坡的坡度应根据不同的填挖高度、土的物理力学性质、边坡附近地面堆载情况等确定。在满足土体边坡稳定的条件下，可做成直线形和折线形边坡，以减少土方施工量。

二、土壁支护

土壁支护是保证地下结构施工及基坑侧壁采取的支挡、加固和保护措施。支护系统一般由两部分组成，即挡土结构和支撑结构，其中支撑结构又可分为内支撑和外锚固两大类。

（一）重力式支护结构

重力式支护结构以其自身的质量来抵抗基坑侧壁的土压力，从而满足该结构的抗滑移和抗倾覆要求。这类基坑深度大于6m时，可在水泥中加筋，形成加筋水泥土挡墙，具有挡土和止水的双重功能。

1. 深层搅拌水泥土桩挡墙

深层搅拌法是利用特制的深层搅拌机在边坡土体需要加固的范围内，将软土与固化剂强制拌和，使软土硬结成具有整体性、稳定性和足够强度的水泥加固土，又称为水泥土搅拌桩。当前常用的深层搅拌机有SJB-Ⅰ型、GZB-600型等。SJB系列深层搅拌机的施工工艺流程如下。

（1）定位。用起重机悬吊搅拌机到达指定桩位，对中。

（2）预搅拌下沉。待深层搅拌机的冷却水循环正常后，启动搅拌机，放松起重机钢丝绳，使搅拌机沿导向架搅拌切土下沉。

（3）制备水泥浆。待深层搅拌机下沉到一定深度时，即开始按设计确定的配合比拌制水泥浆，压浆前将水泥浆倒入集料斗中。

（4）提升、喷浆、搅拌。待深层搅拌机下沉到设计深度后，开启灰浆泵将水泥浆压入地基，且边喷浆边搅拌，同时按设计确定的提升速度提升深层搅拌机。

（5）重复上下搅拌。为使土和水泥浆搅拌均匀，可再次将搅拌机边旋转边沉入土中，至设计深度后再提升出地面。桩体要互相搭接200mm，以形成整体。对于桩顶以下2～3m范围内其他需要加强的部位，可采取重复搅拌的方法。

（6）清洗、移位。向集料斗中注入适量清水，开启灰浆泵，清除全部管路中残存的水泥浆，并将黏附在搅拌头上的软土清洗干净，移位后进行下一根桩的施工。

深层搅拌水泥土桩挡墙宜用425号水泥，掺灰量应不小于10%，以12%～15%为宜，横截面宜连续，形成封闭的实体或格栅状结构。深层搅拌水泥土桩挡墙属重力式支护结构，目前这种支护的体积都较大，为此可采取下列措施以保证整体的稳定性：①卸荷。如条件允许可将顶部的土挖去一部分，以减少主动土压力。②加筋（形成SMW桩）。可在新搅拌的水泥土桩内压入竹筋等，有助于提高其稳定性。但加筋与水泥土的共同作用问题有待研究。③起拱。将水泥土挡墙做成拱形，在拱脚处设钻孔灌注桩，可大大提高支护能力，减小挡墙的截面。对于边长长的基坑，于边长中部适当起拱以减少变形，目前这种形式的水泥土挡墙已在工程中应用。④挡墙变厚度。对于矩形基坑，由于边角效应，在角部的主动土压力有所减小，因此可将角部水泥土挡墙的厚度适当减薄，以节约投资。

2. 旋喷桩挡墙

旋喷桩挡墙是利用工程钻机钻孔至设计标高后，将钻杆从地基深处逐渐上提，同时利用安装在钻杆端部的特殊喷嘴，向周围土体喷射固化剂，将软土与固化剂强制混合，使其胶结硬化后在地基中形成直径均匀的圆柱体。固化后的圆柱体称为旋喷桩，桩体相连形成帷幕墙，用作支护结构。

（二）H型钢支柱挡板

这种支护挡墙支柱按一定间距打入土中，支柱之间设木挡板或其他挡土设施（随开挖逐步加设），支护和挡板可回收使用，较为经济。它适用于土质较好、地下水位较低的地区，国外应用较多，国内亦有应用。

（三）钢板桩

钢板桩在软土地基地区打设方便，具有一定的挡水能力，施工迅速，在基坑深度不大时，往往是优先考虑的方案之一。

1. 槽形钢板桩

槽形钢板桩是一种简易的钢板桩支护挡墙，由槽钢正反扣搭接组成。槽钢长6～8m，型号由计算确定，由于其抗弯能力较弱，用于深度不超过4m的基坑，顶部设一道支撑或拉锚。

2. 热轧锁口钢板桩

热轧锁口钢板桩的形式有：U形、Z形（又叫“波浪形”或“拉森形”）、一字形（又叫平板桩）、组合型。

常用的为U形和Z形，基坑深度很大时才用组合型。一字形在建筑施工中基本不使用，在水工等结构施工中有时用来围成圆形墩隔墙。U形钢板桩可用于开挖深度5～10m的基坑，目前在上海等地区广泛使用。由于热轧锁口钢板桩花费较大，工程上多以租赁方式租用，用后拔出归还。

3. 钢板桩的破坏情况及原因——以单锚钢板桩为例

（1）钢板桩的入土深度不够。当钢板桩长度不足、挖土超深或基底土过于软弱时，在土压力作用下，可能使桩入土部分向外移动，使钢板桩绕拉锚点转动失效，坑壁滑坡。

（2）钢板桩本身刚度不足。由于钢板桩截面太小、刚度不足，在土压力作用下失稳而弯曲破坏。

（3）拉锚的承载力不够或长度不足。拉锚承载力过低被拉断，或锚碇位于土体滑动面内而失去作用，使钢板桩在土压力作用下向前倾倒。

因此，入土深度、锚杆拉力和截面弯矩被称为单锚钢板桩设计的三要素。

4. 钢板桩打设前的准备工作

（1）钢板桩的矫正。钢板桩的矫正方法有如下几种。

表面缺陷矫正：先清洗缺陷附近表面的锈蚀和油污，然后用焊接修补的方法补平，再用砂轮磨平。

端部矩形比矫正：一般用氧乙炔切割桩端，使其与轴线保持垂直，然后用砂轮对切割面进行磨平修整；当修整量不大时，也可直接采用砂轮进行修理。

桩体挠曲矫正：腹向弯曲矫正是将钢板桩弯曲段的两端固定在支撑点上，用设置在龙门式顶梁架上的千斤顶顶在钢板桩凸处进行冷弯矫正，侧向弯曲矫正通常在专门的矫正平台上进行，将钢板隔一定距离设置千斤顶，用千斤顶顶压钢板桩弯凸处进行冷弯矫正。

桩体扭曲矫正：这种矫正较复杂，可视扭曲情况，采用此方法矫正。

桩体截面局部变形矫正：对局部变形处用千斤顶顶压，大锤敲击与氧乙炔焰热烘相结合的方法进行矫正。

锁口变形矫正：用标准钢板桩作为锁口整形胎具，采用慢速卷扬机牵拉调整处理，或采用氧乙炔焰热烘和大锤敲击胎具推进的方法进行调直处理。

（2）导架安装。为保证沉桩轴线位置的正确和桩的竖直，控制桩的打入精度，防止板桩的屈曲变形和提高桩的贯入能力，一般都需要设置一定刚度的、坚固的导架，亦称“施工围檩”。导架通常由导梁和围檩桩等组成，它的形式在平面上有单面和双面之分，在高度上有单层和双层之分，一般常用的是单层双面导架；围檩桩的间距一般为

2.5～3.5m，双面围檩之间的间距一般比板桩墙厚度大8～15mm。导架的位置不能与钢板桩相碰。围檩桩不能随着钢板桩的打设而下沉或变形。导梁的高度要适宜，要有利于控制钢板桩的施工高度和提高工效，要用经纬仪和水平仪控制导梁的位置和标高。

5. 钢板桩的打设

（1）钢板桩打设方法的选择。钢板桩的打设方法有以下两种。

单独打入法：该方法是从板桩墙的一角开始，逐块（或两块为一组）打设，直至工程结束。这种打入方法简便、迅速，不需要其他辅助支架，但是易使板桩向一侧倾斜，且误差积累后不易纠正。因此，这种方法只适用于板桩墙要求不高，且板桩长度较小（如小于10m）的情况。

屏风式打入法：这种方法是将10～20根钢板桩成排插入导架内，呈屏风状，然后分批施打。施打时先将屏风两端的钢板桩打至设计标高或一定深度，成为定位板桩，然后在中间按顺序分1/3、1/2板桩高度呈阶梯状打入。这种打桩方法的优点是可以减少倾斜误差积累，防止过大的倾斜，而且易于实现封闭合拢，能保证板桩墙的施工质量。其缺点是插桩的自立高度较大，要注意插桩的稳定和施工安全。一般情况下多用这种方法打设板桩墙，它耗费的辅助材料不多，且能保证质量。

钢板桩打设允许误差：桩顶标高±100mm，板桩轴线偏差±100mm，板桩垂直度1%。

（2）钢板桩的打设。先用吊车将钢板桩吊至插桩点处进行插桩，插桩时锁口要对准，每插入一块即套上桩帽轻轻加以锤击。在打桩过程中，为保证钢板桩的垂直度，用两台经纬仪在两个方向加以控制。为防止锁口中心线平面位移，可在打桩进行方向的钢板桩锁口处设卡板，阻止板桩位移，同时在围檩上预先算出每块板桩的位置，以便随时检查校正。

钢板桩分几次打入，如第一次由20m高打至15m，第二次则打至10m，第三次打至导梁高度，待导架拆除后第四次才打至设计标高。打桩时，开始打设的第一、第二块钢板桩的打入位置和方向要确保精度，它可以起样板导向作用，一般每打入1m应测量一次。地下工程结束后，钢板桩一般都要拔出，以便重复使用。

（四）钢筋水泥桩排桩挡墙

钢筋水泥桩排桩挡墙的布置形式，双排式灌注桩支护结构一般采用直径较小的灌注桩呈双排布置，桩顶用圈梁连接，形成门式结构以增强挡土能力。当场地条件许可，单排桩悬臂结构刚度不足时，可采用双排桩支护结构。这种结构的特点是水平刚度大、位移小、施工方便。双排桩在平面上可按三角形布置，也可按矩形布置。

（五）地下连续墙

地下连续墙施工工艺，即在工程开挖土方之前，用特制的挖槽机械在泥浆护壁的情况下每次开挖一定长度（一个单元槽段）的沟槽，待开挖至设计深度并清除沉淀下来的泥渣后，将在地面上加工好的钢筋骨架（一般称为钢筋笼）用起重机械吊放入充满泥浆的沟槽内，用导管向沟槽内浇筑混凝土。由于混凝土是由沟槽底部开始逐渐向上浇筑，因而随着混凝土的浇筑即可将泥浆置换出来，待混凝土浇筑至设计标高后，一个单元槽即施工完毕。各个单元槽之间由特制的接头连接，形成连续的地下钢筋混凝土墙。

（六）土层锚杆

近年来，国外大量地将土层锚杆用于地下结构作护壁的支撑，它不仅用于基坑立壁的临时支护，而且在永久性建筑工程中得到广泛应用。土层锚杆由锚头、拉杆、锚固体等组成，同时根据主动滑动情况可划分为锚固段和非锚固段。土层锚杆目前还是根据经验数据进行设计，然后通过现场试验进行检验，设计过程一般包括：确定基坑支护承受的荷载及锚杆布置；锚杆承载能力计算，锚杆的稳定性计算；确定锚固体长度、直径和拉杆直径等。

1. 土层锚杆的类型

（1）一般灌浆锚杆。钻孔后放入受拉杆件，然后用砂浆泵将水泥浆或水泥砂浆注入孔内，经养护后，即可承受拉力。

（2）高压灌浆锚杆（又称预压锚杆）。其与一般灌浆锚杆的不同点是在灌浆阶段对水泥砂浆施加一定的压力，使水泥砂浆在压力下压入孔壁四周的裂缝并在压力下固结，从而使锚杆具有较大的抗拔力。

（3）预应力锚杆。先对锚固段进行一次压力灌浆，然后对锚杆施加预应力后锚固，并在非锚固段进行不加压二次灌浆，也可一次灌浆（加压或不加压）后施加预应力。这种锚杆可穿过松软地层而锚固在稳定土层中，并使结构物减小变形。我国目前大都采用预应力锚杆。

（4）扩孔锚杆。用特制的扩孔钻头扩大锚固段的钻孔直径，或用爆扩法扩大钻孔端头，从而形成扩大的锚固段或端头，有效提高锚杆的抗拔力。扩孔锚杆主要用在松软地层中。

另外，还有重复灌浆锚杆、可回收锚筋锚杆等。

在灌浆材料上，可使用水泥浆、水泥砂浆、树脂材料、化学浆液等作为锚固材料。

2. 土层锚杆的施工

（1）施工准备工作。

（2）钻孔。

①钻孔机械选择。土层锚杆钻孔用的钻孔机械，按工作原理分，有旋转式钻孔机、冲击式钻孔机和旋转冲击式钻孔机三类。主要根据土质、钻孔深度和地下水情况进行选择。

②土层锚杆钻孔应达到以下要求。孔壁要求平直，以便安放钢拉杆和灌注水泥浆；孔壁不得坍陷和松动，否则影响钢拉杆安放土层锚杆的承载能力；钻孔时不得使用膨胀土循环泥浆护壁，以免在孔壁上形成泥皮，降低锚固体与土壁间的摩擦力。

③土层锚杆钻孔的特点。土层锚杆的钻孔多数有一定的倾角，因此孔壁的稳定性较差。

如果土层锚杆的长细比很大、孔洞很长，保证钻孔的准确方向和直线性较困难，易偏斜和弯曲。

（3）安放拉杆。土层锚杆用的拉杆，常用的有钢管、粗钢筋、钢丝束和钢绞线。主要根据土层锚杆的承载能力和现有材料的情况来选择：承载能力较小时，多用粗钢筋；承载能力较大时，多用钢绞线。

①钢筋拉杆。钢筋拉杆由一根或数根粗钢筋组合而成，如为数根粗钢筋，则需用绑扎或电焊的方法使其连接成一个整体。其长度应按锚杆设计长度加上张拉长度（等于支撑围檩高度加锚座厚度和螺母高）。对有自由段的土层锚杆，钢筋拉杆的自由段要做好防腐和隔离处理。防腐层施工时，宜先清除拉杆上的铁锈，再涂一层环氧防腐漆冷底子油，待干燥后，再涂两层环氧玻璃铜（或玻璃聚氨酯预聚体等），待固化后，缠绕两层聚乙烯塑料薄膜。土层锚杆的长度一般都在10m以上，有的达30m甚至更长。为了将拉杆安置在钻孔的中心，防止自由段产生过大的挠度和插入钻孔时搅动土壁，还为了增加拉杆与锚固体的握裹力，在拉杆表面需设置定位器（或撑筋环）。钢筋拉杆的定位器用细钢筋制作，在钢筋拉杆轴心按120° 夹角布置，间距一般为2 ~ 2.5m，定位器的外径宜小于钻孔直径10mm。

②钢丝束拉杆。钢丝束拉杆可以制成一根，它的柔性较好，往钻孔中沉放较方便。但施工时应将灌浆管与钢丝束绑扎在一起同时沉放，否则放置灌浆管有困难。钢丝束拉杆的自由段需理顺扎紧，然后进行防腐处理。防腐方法可用玻璃纤维布缠绕两层，外面再用黏胶带缠绕，亦可将钢丝束拉杆的自由段插入特制护管内，护管与孔壁间的空隙可与锚固段同时进行灌浆。钢丝束拉杆的锚固段亦需用定位器，该定位器为撑筋环。钢丝束的钢丝分为内外两层，外层钢丝绑扎在撑筋环上，撑筋环的间距为0.5 ~ 1.0m，这样锚固段就形成一连串的菱形，使钢丝束与锚固体砂浆的接触面积增大，以增强黏结力，内层钢丝则从撑筋环的中间穿过。

钢丝束拉杆的锚头要能保证各根钢丝受力均匀，常用的有镦头锚具等，可按预应力结构锚具选用。沉放钢丝束时要对准钻孔中心，如有偏斜易将钢丝束端部插入孔壁内，这既可能破坏孔壁，引起坍孔，又可能堵塞灌浆管。因此，可用一个长250mm的小竹筒将钢丝束下端套起来。

③钢绞线拉杆。钢绞线拉杆的柔性更好，向钻孔中沉放更容易，因此在国内外应用得比较多，用于承载能力大的土层锚杆。锚固段的钢绞线要仔细清除其表面的油脂，以保证与锚固体砂浆有良好的黏结，自由段的钢绞线要套以聚丙烯防护套等进行防腐处理。

钢绞线拉杆需用特制的定位架。

（4）压力灌浆。压力灌浆是土层锚杆施工中的一个重要工序。施工时，应将有关数据记录下来，以备将来查用。灌浆的作用是：形成锚固段，将锚杆锚固在土层中；防止钢拉杆腐蚀；充填土层中的孔隙和裂缝。灌浆的浆液为水泥砂浆（细砂）或水泥浆，水泥一般不宜用高铝水泥；由于氯化物会引起钢拉杆腐蚀，因此其含量不应超过水泥质量的0.1%。由于水泥水化时会生成SO，所以硫酸盐的含量不应超过水泥质量的4%。我国多用普通硅酸盐水泥，有些工程为了早强、抗冻和抗收缩，使用过硫铝酸盐水泥。

灌浆方法有一次灌浆法和二次灌浆法两种。

一次灌浆法只用一根灌浆管，利用泥浆泵进行溜浆，灌浆管端距孔底200mm左右，待浆灌流出孔口时，用水泥袋等塞入孔口，并用湿黏土封堵孔口，严密捣实，再以2～4MPa的压力进行补灌，要稳压数分钟，灌浆才告结束。

二次灌浆法要用两根灌浆管（直径19mm的镀锌铁管），第一次灌浆用灌浆管的管端距离锚杆末端500mm左右，管底出口处用黑胶布等封住，以防沉放时尘土进入管口。第二次灌浆用灌浆管的管端距离锚杆末端1000mm左右，管底出口处亦用黑胶布封住，且从管端500m处开始向上每隔2m左右做出1m长的花管，花管的孔眼为8mm，花管做几段视锚固段长度而定。

第一次灌浆是灌注水泥砂浆，利用普通的单缸活塞式压浆机，其压力为0.3 ～ 0.5MPa，流量为 100L/min。水泥砂浆在上述压力作用下冲出封口的黑胶布流向钻孔。钻孔后若用清水洗孔，孔内可能会残留部分水和泥浆。待第一次灌注的浆液初凝后，进行第二次灌浆，利用 BW200–40/50 型等泥浆泵，控制压力为 2MPa 左右，要稳压 2min，浆液冲破第一次灌浆体，向锚固体与土的接触面之间扩散，使锚固体直径扩大，增加径向压应力。由于挤压作用，使锚固体周围的土被压缩，孔隙比减小，含水量降低，也增加了土的内摩擦角。因此，二次灌浆法可以显著提高土层锚杆的承载能力。

对于二次灌浆，国内外都使用过化学浆液（如聚氨酯浆液等）代替水泥浆，这些化学浆液渗透能力强，且遇水后产生化学反应，体积可膨胀数倍，这样既可提高土的抗剪能力，又可形成如树根那样的脉状渗透，可提高灌浆土体的承载力。

（5）张拉和锚固。土层锚杆灌浆后，待锚固体强度达到80%设计强度以上时，便可对锚杆进行张拉和锚固。张拉前先在支护结构上安装围檩。张拉所用设备与预应力结构张拉所用的设备相同。从我国目前的情况看，钢拉杆为变形钢筋者，其端部加焊一根螺丝端杆，用螺母锚固。钢拉杆为光圆钢筋者，可直接在其端部攻丝，用螺母锚固。如用精轧钢纹钢筋，可直接用螺母锚固。张拉粗钢筋用一般千斤顶。钢拉杆和钢丝束，锚具多为嵌头锚，亦用一般千斤顶张拉。

预应力的锚杆，要正确估算预应力损失。由于土层锚杆与一般预应力结构不同，预应力损失的产生除了通常那些原因外，还有相邻锚杆施工引起的预应力损失、支护结构变形引起的预应力损失以及土体蠕变引起的预应力损失等。

三、土方边坡防护技术应用的重要意义

（一）提高工程的完成质量

土方工程施工的品质与边坡支护技术的优劣密切相关，优秀的边坡支护技术能够保证工程的优良品质。当执行边坡保护工程时，需要对建筑物所处的环境进行深入研究，并采取一连串的措施来应对可能遇到的问题。在进行边坡支护时，环境调查是关键的一步，建筑工作者需要研究和解读周围的土壤、河道、地下水等自然条件。若土壤质量欠佳，可能在项目后期引发塌陷，这不仅会破坏项目，还会威胁到建筑工人的生命安全，并对建筑公司造成重大损失。因此，对土壤质量的评估是非常重要的。至于河流，如果当地的降雨量过多，可能会使得水位升高，给建筑任务带来困扰。同时，地下水的存在也可能造成地表塌陷，而应用边坡支护技术可以避免这些问题的发生。

（二）保障施工人员的安全

边坡防护技术的功能不只是确保项目的顺畅进行，还有确保施工人员的安全。边坡支护技术的创新目的在于确保项目的安全，避免施工过程中的各类干扰，从而尽可能地提高施工效率，为建筑物的安全性提供保障，同时确保工作人员的安全。

（三）降低事故带来的损失

合理运用边坡支护技术是为了防止在工程中可能出现的饱和状态下的山体滑坡，稳定性系数为0.968和1.003。也就是说，这些滑坡处于不稳定或者欠稳定的状态，存在整体或分块滑动的风险。同时，各个滑坡的稳定性也与定性分析基本一致。尽管如此，工程施工过程中因各种因素导致的意外事件层出不穷，其中既包括材料的问题，也包括施工人员操作失误所引发的。简而言之，针对无法预防事件的发生，唯一的办法就是竭力减轻或者削弱其带来的影响。利用边坡支护技术可以有效地处理这些难题，从而大幅度降低了工程意外的发生频率，即便出现意外，所造成的损失也不会过大。

四、土方工程施工技术中的边坡支护技术要点分析

（一）完善土方工程中的施工技术资料管理

在边坡支护技术信息的管理过程中，技术说明被视为其中的主要策略，这也构成了对于工程项目的建设进度以及品质监督的核心环节。因此，在土方工程的所有环节，数据管理变得至关重要，尤其需加大对各种边坡支护数据的监督力度，并且在数据保护方面需进一步加强管理，持续改进。在执行边坡支护任务的职员需要立即完成信息的刷新和维护，并且需要将这些信息提供给建筑团队的领导，借助一系列技术信息监督，增强建筑团队和技术团队对于设计蓝图的认识，以确保项目能够顺利完成。接下来，必须对土方工程的建设技术数据进行实时的优化和改进。因为边坡防护工程的技术监督必须严格遵循事先确定的步骤，所以建筑公司需要随时监测建筑的能力、设备以及原材料的改变，也需要依据工程的真实进展，适时更新建筑的技术信息，以便对信息进行动态的管理。只有在制度层面对建筑流程的信息监督给予足够的重视，才能在根源上减少建筑的花费，增加公司的总体收益。

（二）提高开挖施工以及防水施工质量

在执行深基坑的挖掘与边坡保护的建设时，相应的建筑队伍需要全面掌握计划的详细条件与操作流程，了解全局的操作环境，并且能够从源头上高效地推动深基坑的土石开采、排水等建设任务。在实际的建设过程中，假设建设地点的土壤属于膨胀性质，那么在挖掘的时候应该尽量避开雨季，并且最好选择阳光明媚的晴天进行，这样可以防止土壤的水分含量超出正常范围。对于软土地基，需要在建设过程中实行分级挖掘，妥善管理深基坑的土壤。同时，我们也需尽量减少因追求速度而持续的挖掘活动，因为这样可能导致涂层的抗剪力下降。接下来，在执行实际的防水防渗工程时，相关的施工团队需要深入了解地下水的详细状况，并汇总出具体的数据。接着，需要对地下水的渗透性和水的流动速度等因素进行精确且详尽的分析。根据具体的环境，堵水和抽水两种方法综合使用，以便有效地进行防水控制。通过这种方式，可以有效地避免水土流失的问题，从而在更大的范围内预防建筑物的沉降。

（三）对施工中的地质监测进行科学设置与执行

在土方工程的建设过程中，边坡支护扮演了极其关键的角色，它的核心目标就是提升基础结构的稳固度。但是在建设过程中，一旦基坑的构造发生了变动，那么它的结构框架以及所承受的压力也会随之调整，这将使基础结构的压力发生改变。若未进行优质的保

护措施，基础结构可能会发生变形。所以，实施科学的地质结构监控是确保良好的边坡防护的根本。假如对地质构造的监控不够重视或者设定的科学性不足，那么在工程使用和运行过程中的安全事故发生率将会增加20%。在进行边坡支持建设时，地质监控的重要性是显而易见的。在启动建设工程之前，必须根据岩土工程勘查的精确信息进行地质情况的评估。确保监测和频次的准确性，当在基坑挖掘和项目建造过程中观察到土壤状态的改变时，需立即修改地质监测计划。在开始施工前，需确立监测的最大限度，这样可以有效管理施工活动对基础结构的干扰。如果地质压力和形状超过最大限度，就要对项目建造进行修正，同时增加支护的强度，从而提高土方项目的品质，确保项目后期的稳定和持久运营。

第五节　土方的回填与压实

一、土料的选用与填筑要求

（一）土料的选用要求

填土的土料应符合设计要求。如设计无要求可按下列规定。

第一，级配良好的碎石类土、砂土和爆破石渣可作表层以下填料，但其最大粒径不得超过每层铺垫厚度的2/3。

第二，含水量符合压实要求的黏性土，可用作各层填料。

第三，用砾石、卵石或块石作填料时，分层夯实最大料径不宜大于400mm，分层压实不得大于200mm，尽量选用同类土填筑。

第四，碎块草皮类土，仅用于无压实要求的填方。不能作为填土的土料有：含有大量有机物、石膏和水溶性硫酸盐（含量大于5%）的土以及淤泥、冻土、膨胀土等，含水量大的黏土也不宜作填土用。

（二）填筑要求

土方填筑前，要对填方的基底进行处理，使之符合设计要求。如设计无要求，应符合下列规定。

第一，基底上的树墩及主根应清除，坑穴应清除积水、淤泥和杂物等，并分层回填夯实。基底为杂填土或有软弱土层时，应按设计要求加固地基，并妥善处理基底的空洞、旧基、暗塘等。

第二，如填方厚度小于0.5m，还应清除基底的草皮和垃圾。当填方基底为耕植土或松土时，应将基底碾压密实。

第三，在水田、沟渠或池塘填方前，应根据具体情况采用排水疏干，挖出淤泥，抛填石块、砂砾等方法处理后，再进行填土。

第四，应根据工程特点、填料种类、设计压实系数、施工条件等合理选择压实机具，并确定填料含水量的控制范围、铺土厚度和压实遍数等参数。

第五，填土应分层进行，并尽量采用同类土填筑。当选用不同类别的土料时，上层宜填筑透水性较小的填料，下层宜填筑透水性较大的土料。不能将各类土混杂使用，以免形成水囊。压实填土的施工缝应错开搭接，在施工缝的搭接处应适当增加压实遍数。当填方位于倾斜的地面时，应先将基底斜坡挖成阶梯状，阶宽不小于1m，然后分层回填，以防填土侧向移动。

第六，填方土层应接近水平地分层压实。在测定压实后土的干密度，并检验其压实系数和压实范围符合设计要求后，才能填筑土层。

第七，由于土的可松性，回填高度应预留一定的下沉高度，以备行车碾压和在自然因素作用下，土体逐渐沉落密实。其预留下沉高度（以填方高度为基数）：砂土为1.5%，亚黏土为3%～3.5%。如果回填土湿度大，又不能采用其他土换填，可以将湿土翻晒晾干、均匀掺入干土后再回填。

第八，冬雨季进行填土施工时，应采取防雨、防冻措施，防止填料（粉质黏土、粉土）受雨水淋湿或冻结，并防止出现“橡皮土”。

二、影响填土压实质量的因素

影响填土压实质量的影响因素有压实功、土的含水量及每层铺土厚度等。

（一）压实功的影响

填土压实后的密度与压实机械在其上所施加的功有一定的关系。当土的含水量达到一定量时，在开始压实时，土的密度迅速增大，到接近土的最大密度时，压实功虽然增大许多，但土的密度变化甚小，故应根据压实机械和土的密实度要求选择合理的压实遍数。一般来说，砂土只需碾压2～3遍，亚砂土只需3～4遍，亚黏土或黏土则需要5～6遍。

（二）含水量的影响

填土含水量的大小直接影响碾压（或夯实）遍数和质量。较为干燥的土，由于摩阻力较大，因此不易压实。当土具有适当含水量时，土的颗粒之间因水的润滑作用使摩阻力减小，在相同压实功的作用下，得到最大的密实度，这时土的含水量称作最佳含水量。

为了保证填土在压实过程中具有最佳含水量，当土的含水量偏高时，可采取翻松、晾晒、掺干土等措施。如土的含水量偏低，可采用预先洒水湿润、增加压实遍数等措施。土的含水量一般以“手握成团、落地开花”为宜。

（三）铺土厚度的影响

在压实功作用下，土中的应力随着深度增加而逐渐减小。其影响深度与压实机械、土的性质及含水量有关，铺土厚度应小于压实机械的有效作用深度。铺得过厚，要增加压实遍数才能达到规定的密实度；铺得过薄，机械的总压实遍数也要增加。恰当的铺土厚度能使土方压实而机械的耗能最少。

对于重要的填方工程，达到规定密实度所需要的压实遍数、铺土厚度等应根据土质和压实机械在施工现场的压实试验来决定。

第六节　土方的机械化施工

土方机械一般包括推土机、挖掘机、铲运机、装载机和压实机械等。采用机械化施工能在很大程度上提高土方工程的效率，从而降低工程造价。

一、推土机

推土机是一种多用途的自行式施工机械。推土机在作业时，将铲刀切入土中，依靠机械的牵引力，完成土壤的切削和推运工作。推土机可完成铲土、运土、填土、平地、松土、压实以及清除杂物等作业，还可以给铲运机、平地机助铲和预松土，以及牵引各种拖式施工机械进行作业。

推土机的经济运距在100m以内，最佳运距为60m，上下坡坡度不得超过35°，横坡不得超过10°。为提高生产效率可采用槽型推土、下坡推土和并列推土等方式作业。

二、铲运机

铲运机是一种利用装在前后轮轴或左右履带之间的铲运斗，在行进中依次进行铲装、运载和铺卸等作业的工程机械，其主要有以下两个特点。

一是多功能。可以用来进行铲挖和装载，在土方工程中可直接铲挖Ⅰ ~ Ⅱ级较软的土，对Ⅲ ~ Ⅳ级较硬的土，需先把土耙松才能铲挖。

二是高速、长距离、大容量运土能力。铲运机的车速比自卸汽车稍慢，它可以把大量的土运送到几千米外的弃土场。

铲运机主要用于大规模的土方工程中，经济运距为100 ~ 1500m，最大运距可达几千米。拖式铲运机的最佳运距为200 ~ 400m；自行式铲运机的合理运距为500 ~ 5000m。当运距小于100m时，采用推土机施工较有利；当运距大于5 000m时，采用挖掘机或装载机与自卸汽车配合的施工方法较经济。铲运机用字母C表示，L表示轮胎式，无L表示履带式，T表示拖式，后面的数字表示铲运机铲斗的几何容量，单位为m^3。如CL7表示铲斗几何容量为$7m^3$的轮胎式铲运机。

三、挖掘机

挖掘机，是用铲斗挖掘高于或低于承机面的物料，并装入运输车辆或卸至堆料场的土方机械。挖掘机挖掘的物料主要是土壤、煤、泥沙以及经过预松后的土壤和岩石。从近几年工程机械的发展来看，挖掘机的发展相对较快，挖掘机已经成为工程建设中最主要的工程机械之一。挖掘机最重要的三个参数为：操作重量（质量）、发动机功率和铲斗容量。

挖掘机的具体分类如下。

一是按照行走装置的不同，挖掘机可分为履带式挖掘机和轮胎式挖掘机。

二是按照传动方式的不同，挖掘机可分为液压挖掘机和机械挖掘机。机械挖掘机主要用在一些大型矿山上。

三是按照用途来分，挖掘机可以分为通用挖掘机、矿用挖掘机、船用挖掘机、特种挖掘机等不同的类别。

四是按照铲斗来分，挖掘机可以分为正铲挖掘机、反铲挖掘机、拉铲挖掘机和抓铲挖掘机。正铲挖掘机多用于挖掘地表以上的物料，反铲挖掘机多用于挖掘地表以下的物料。

四、压实机械

填土压实的机械可按其方法分为碾压、夯实、振动压实等几种。

（一）碾压

碾压机械有平碾（压路机）、羊足碾、振动碾等。砂类土和黏性土用平碾的压实效果好；羊足碾只适宜压实黏性土，它是碾轮表面有许多羊蹄形的碾压凸角机械，一般用拖拉机牵引作业；振动碾是一种振动和碾压同时作用的高效能压实机械，适用于碾压爆破石渣、碎石类土等。平碾的碾压速度不宜过快，一般碾压速度不超过2km/h。用碾压机械进行大面积填方碾压时，宜采用“薄填、低速、多遍”的方法。碾压应从填土两侧逐渐压向中心，并应有至少150～200mm的重叠宽度。为了提高碾压效率，应保证填土压实的均匀和密实度的要求，宜先用轻型机械碾压，使其表面平整后，再用重型机械碾压。

（二）夯实

用夯锤自由下落的冲击力来夯实土壤，主要用于小面积回填土。其优点是可以夯实较厚的黏性土层和非黏性土层，使地基原土的承载力加强。方法有人工和机械夯实两种。常用于夯实黏性土、砂砾土、杂填土及分层填土施工等。蛙式打夯机轻巧灵活、构造简单、操作方便，在小型土方工程中应用最广。夯打遍数依据填土的类别和含水量确定。

（三）振动压实

振动压路机借助振动机构令压实机振动，使土颗粒发生相对位移而达到密实状态，是一种振动和碾压同时作用的高效能压实机械，比一般压路机效率高1～2倍。这种方法更适用于填方为爆破石渣、碎石类土、杂填土等。

振动压实机械与静力压实机械相比有如下特点：在同等结构质量的条件下，振动碾压的效率比静碾压高1～2倍，动力节省1/3，金属消耗节约1/2，且压实厚度大、适应性强。

但振动压路机也具有如下缺点：不宜压实黏性大的土壤，也严禁在坚硬的地面上振动；由于振动频率高，驾驶员容易产生疲劳，因此需要有良好的减震装置。

第三章　土木工程中的基础施工技术

第一节　浅基础施工

一、浅基础施工概述

基础是建筑物的墙或柱埋入地下的扩大部分，它承担着建筑物上部的自重荷载，使用荷载、风荷载和地震力等的作用，并将其传至地基。

基础根据相对埋深、施工方法的不同，一般可分为浅基础和深基础两类。通常把埋置深度小于或相当于基础底面宽度的基础称为浅基础，如砖基础、柱下独立基础、条形基础等。当浅层土质不良，需要利用到深处良好土层或岩层并采用特殊施工方法建造的基础称为深基础，如桩基础、沉井基础等。浅基础通常分为五大类：无筋扩展基础、钢筋混凝土扩展基础、柱下钢筋混凝土条形基础、高层结构筏形基础、岩石锚杆基础及其他形式的基础（包括箱形基础、壳体基础等）。

根据《建筑与市政地基基础通用规范》（GB 55003-2021），基础工程施工应符合下列规定。

第一，基础施工前，应编制基础工程施工组织设计或基础工程施工方案，其内容应包括：基础施工技术参数、基础施工工艺流程、基础施工方法、基础施工安全技术措施、应急预案、工程监测要求等。

第二，基础模板及支架应具有足够的承载力和刚度，并应保证其整体稳固性。

第三，钢筋安装应采用定位件固定钢筋的位置，且定位件应具有足够的承载力、刚度和稳定性。

第四，筏形基础施工缝和后浇带应采取钢筋防锈或阻锈保护措施。

第五，基础大体积混凝土施工应对混凝土进行温度控制。

二、砖基础施工

砖基础是指用砖作砌体材料砌筑而成的基础，目前主要使用实心砖砌筑，适用于砖混结构的建筑物。

（一）材料要求

一是砖的品种、强度等级必须符合设计要求，并应规格一致。

二是水泥一般采用32.5级或42.5级普通硅酸盐水泥或矿渣硅酸盐水泥。砂浆用砂不得含有有害物质及杂质，并通过5mm筛孔进行筛选。配制M5以下的砂浆，砂的含泥量不应超过10%，配制M5及以上的砂浆，砂的含泥量不应超过5%。

三是搅拌用水必须符合要求。

四是砂浆的品种、强度等级必须符合设计要求。砂浆使用时，如出现泌水现象应在砌筑前再次拌和。

五是基础内预埋件必须经过防腐处理。

（二）工艺流程

拌制砂浆→确定组砌方式→摆砖撂底→砌筑砖基础→抹防潮层→基础回填土。

（三）施工要点

1. 拌制砂浆

砂浆配合比应采用质量比，水泥计量精度为±2%，砂、掺和料为±5%。砂浆搅拌宜用机械搅拌，投料顺序为：砂→水泥→掺和料→水，搅拌时间不少于1.5min。砂浆应随拌随用，一般温度情况下水泥砂浆必须在搅拌后3h内用完，已经凝结的砂浆严禁使用。

2. 确定组砌方式

大放脚一般采用一顺一丁砌筑法，竖缝至少错开1/4砖长。

3. 摆砖撂底

砌筑砖基础时应先在垫层上弹线，从相对设立的龙门板上拉上大放脚准线，根据准线交点在垫层面上弹出位置线，即基础大放脚边线。摆砖撂底的目的主要是调整砖基础的竖缝的大小（灰缝尺寸为8～12mm），尽量用整砖砌筑，减少砍砖。

4. 砌筑砖基础

砌筑前先立皮数杆，在基础转角和内外墙基础交接处应砌大角（称为盘角），先砌筑4～5皮砖，经水平尺检查无误后进行挂线。砌筑基础时采用两面挂线，先砌好撂底砖，再砌以上各皮砖。有高低台的基础底面，应从低处砌起，并按大放脚的底部宽度由高台向低台搭接。如设计无规定时，搭接长度不应小于大放脚高度。

5. 抹防潮层

防潮层施工时，应先检查防潮层以下砌砖的标高是否与设计相符。防潮层一般采用20mm厚的水泥防水砂浆，防水粉的掺量为水泥质量的3%～5%。

6. 基础回填土

基础回填土要求使用符合要求的土料，分层回填、分层夯实。

三、钢筋混凝土独立基础施工

钢筋混凝土独立基础按其构造形式，可分为现浇柱下独立基础和预制柱杯口基础。现浇柱下独立基础可分为现浇柱锥形基础、现浇柱阶梯形基础；杯口基础又可分为单肢柱和双肢柱杯口基础、低杯口和高杯口基础。

（一）柱下独立基础施工流程

定位放线→基（槽）坑开挖→验槽→基础垫层施工→支模板→绑扎钢筋→浇筑混凝土→养护、拆模。

（二）现浇柱下独立基础施工要点

在混凝土浇筑前应先进行验槽，轴线、基坑尺寸和土质应符合设计规定。坑内浮土、水、淤泥、杂物应清除干净。局部软弱土层应挖去，用灰土或砂砾回填并夯实基底设计标高。

在基坑验槽后应立即浇筑垫层混凝土，以保护地基；混凝土宜用表面振动器进行振捣，要求表面平整。当垫层达到一定强度后，在其上弹线、支模，铺放钢筋网片，底部用与混凝土保护层同厚度的水泥砂浆块垫塞，以保证钢筋位置正确。

基础上有插筋时，要按轴线位置校核后，将插筋加以固定以保证其位置的正确，以防浇捣混凝土时产生位移。

在基础混凝土浇筑前，应将模板和钢筋上的垃圾、泥土和油污等杂物清除干净，堵塞模板的缝隙和孔洞。木模板表面要浇水湿润，但不得积水。

基础混凝土宜分层连续浇筑。对于阶梯形基础，每个台阶高度的混凝土应一次浇筑完成，每浇筑完一台阶应稍停0.5～1.0h，以便使混凝土获得初步沉实，然后浇筑上一层，以防止下台阶混凝土溢出。每一台阶浇筑完，表面应基本抹平。

对于锥形基础，应注意锥体斜面坡度的正确，斜面部分的模板应随混凝土浇捣分段支设并顶压实压紧，以防模板上浮变形，边角处的混凝土必须注意捣实。

基础混凝土浇筑完，应用草帘等覆盖并浇水加以养护。

（三）预制柱杯口基础施工要点

预制柱杯口基础的施工，除按上述施工要求外，还应注意以下几点。

第一，杯口模板可采用木模板或定型钢模板，可做成整体的，也可做成两半形式，中间各加楔形板一块，拆模时，先取出楔形板，然后分别将两半杯口模取出。为拆模方便，杯口模外可包一层薄铁皮。支模时杯口模板要固定牢固并压浆。

第二，按台阶分层浇灌混凝土。对高杯口基础的高台阶部分，按整段分层浇筑混凝土。

第三，由于杯口模板仅在上端固定，浇捣混凝土时，应四周对称均匀进行，避免将杯口模板挤向一侧。

第四，杯口基础一般在杯底均留有50mm厚的细石混凝土找平层，在浇筑基础混凝土时要仔细留出。基础浇捣完，在混凝土初凝后终凝前用倒链将杯口模板取出，并将杯口内侧表面混凝土凿毛。

第五，在浇筑高杯口基础混凝土时，由于其最上一台阶较高，施工不方便，可采用后安装杯口模板的方法施工。也就是说，当混凝土浇到接近杯口底时，再安装杯口模板，然后浇筑杯口混凝土。

四、钢筋混凝土条形基础施工

钢筋混凝土条形基础按其构造形式可分为柱下条形基础及墙下条形基础。下面仅介绍柱下条形基础的施工操作要点。

第一，在混凝土浇筑前应先行验槽，基坑尺寸应符合设计要求，对局部软弱土层应挖去，用灰土或砂砾回填夯实与基底相平。在地基或基土上浇筑混凝土时，应清除淤泥和杂物，并应有排水和防水措施。对干燥的黏性土，应用水湿润；对未风化的岩石，应用水清洗，但其表面不得留有积水。

第二，垫层混凝土在验槽后应立即浇筑，以保护地基。当垫层素混凝土达到一定强度后，在其上弹线、支模，铺放钢筋。

第三，钢筋上的泥土、油污，模板内的垃圾、杂物应清除干净。木模板应浇水湿润，缝隙应堵严，基坑积水应排除干净。

第四，混凝土自高处倾落时，其自由倾落高度不宜超过2m。如高度超过2m，应设料斗、漏斗、串筒、斜槽、溜管，以防止混凝土产生分层离析。

第五，混凝土宜分段分层浇筑，各段各层间应互相衔接，每段长2～3m，使逐段逐层呈阶梯形推进，并注意先使混凝土充满模板边角，然后浇筑中间部分。

第六，混凝土应连续浇筑，以保证结构良好的整体性，如必须间歇，间歇时间超过规定，应设置施工缝，并应待混凝土的抗压强度达到1.2N/mm²以上时，才允许继续浇筑，以免已浇筑的混凝土结构因振动而受到破坏。

五、钢筋混凝土筏板基础施工

钢筋混凝土筏板基础由底板或底板与梁等组成，其外形和构造像倒置的钢筋混凝土无梁楼盖或肋梁楼盖，分为平板式和梁板式两类。筏板基础施工要点如下。

第一，基坑开挖时，若地下水位较高，应采取明沟排水、人工降水等措施，使地下水位降至基坑底下不少于500mm，保证基坑在无水情况下进行开挖和基础结构施工。

第二，开挖基坑应注意保持基坑底土的原状结构，尽可能不要扰动。当采用机械开挖基坑时，在基坑底面设计标高以上保留200～400mm厚的土层，采用人工挖除并清理平整，如不能立即进行下道工序施工，应预留100～200mm厚的土层，在下道工序进行前挖除，以防止地基土被扰动。在基坑验槽后，应立即浇筑混凝土垫层。

第三，当垫层达到一定强度后，在其上弹线、支模，铺放钢筋，连接柱的插筋。

第四，在浇筑混凝土前，清除模板和钢筋上的垃圾、泥土和油污等杂物。木模板浇水加以润湿。

第五，混凝土浇筑方向应平行于次梁长度方向，对于平板式片筏基础则应平行于基础长边方向。

第六，混凝土浇灌完毕，在基础表面应覆盖草帘和洒水养护，并不少于7d。待混凝土强度达到设计强度的25%以上时，即可拆除梁的侧模。

第七，当混凝土基础达到设计强度的30%时，应进行基坑回填。基坑回填应在四周同时进行，并按基底排水方向由高到低分层进行。

第八，在基础底板上埋设好沉降观测点，定期进行观测、分析，并作好记录。

六、钢筋混凝土箱形基础施工

箱形基础主要是由钢筋混凝土底板、顶板、侧墙及一定数量纵横墙构成的封闭箱体。箱形基础施工要点如下。

第一，基坑开挖。基坑开挖应验算边坡稳定性，并注意对基坑邻近建筑物的影响，必要时应采取支护措施。

第二，基坑开挖如有地下水，应采用明沟排水或井点降水等方法，以保持作业现场的干燥。

第三，箱形基础的基底是直接承受全部建筑物的荷载，必须是土质良好的持力层。因此要保护好地基土的原状结构，并尽可能不要扰动。在采用机械挖土时，应根据土的软硬程度，在基坑底面设计标高以上，保留200～400mm厚的土层，采用人工挖除。基坑不得长期暴露，更不得积水。在基坑验槽后，应立即进行基础施工。

第四，基础底板及顶板钢筋接头优先采用焊接接头；钢筋绑扎、安装应注意形状，位置和数量准确；埋设件位置应准确固定，当有管道穿过箱形基础外墙时，应加焊止水片防渗漏。模板宜采用大块模板，用穿墙对接螺栓固定。

第五，箱形基础的底板、顶板及内外墙的支模和浇筑一般分块进行。外墙水平施工缝应留在底板面上部300～500mm范围内和无梁顶板下部30～50mm处，并应做成企口形式，防水要求高时，应在企口中部设镀锌钢板或塑料止水带，外墙的垂直施工缝宜用凹缝，内墙的水平和垂直施工缝多采用平缝，内墙与外墙之间可留垂直缝。

第六，箱基的底板、顶板及内外墙宜连续浇灌完毕。对于大型箱基工程，当基础长度较大时，宜设置一道不小于700mm的后浇带，以防产生温度收缩裂缝。

第七，箱形基础施工完毕，应抓紧做好基坑土方回填工作，尽量缩短基坑暴露时间。

第八，高层建筑进行沉降观测，水准点及观测点应根据设计要求及时埋设，并注意保护。

第二节　桩基础施工

一、概述

一般建筑物都应该充分利用地基土层的承载能力，尽量采用浅基础。但若浅层土质不良，无法满足建筑物对地基变形和强度方面的要求时，可利用下部坚实土层或岩层作为持力层建造深基础。深基础主要有桩基础、墩基础、沉井和地下连续墙等几种类型，其中以桩基础最为常用。

（一）桩基础的作用

桩基础一般由设置于土中的桩和承接上部结构的承台（或承台梁）组成。桩的作用在于将上部建筑物的荷载传递到地基深处承载力较大的土层，或将软弱土层挤密，以提高土壤的承载力和密实度，从而保证建筑物的稳定性和减少地基沉降。桩基础具有承载力高，沉降速度缓慢、沉降量小而均匀，并能承受水平力、上拔力、振动力，抗震性能较好等特点。

（二）桩基础的分类

1. 按桩的承载性状分类

桩基础按照桩的承载性状分类，主要可以分为以下两大类。

（1）摩擦型桩。

①纯摩擦桩：在承载能力极限状态下，桩顶竖向荷载主要由桩侧阻力承受，桩端阻力小到可忽略不计。这种桩主要适用于地层无坚硬之承载层或承载层较深的情况。

②端承摩擦桩：在承载能力极限状态下，桩顶竖向荷载主要由桩侧阻力承受，但桩端阻力也起到一定作用。

（2）端承型桩。

①纯端承桩。在承载能力极限状态下，桩顶竖向荷载主要由桩端阻力承受，桩侧阻力小到可忽略不计。端承桩是穿过软弱土层而达到深层坚实土的一种桩，上部结构荷载主要由桩尖阻力来承担。

②摩擦端承桩。在承载能力极限状态下，桩顶竖向荷载主要由桩端阻力承受，但桩侧阻力也起到一定作用。

2. 按桩的施工方法分类

（1）预制桩。

①按桩身材料划分，分为混凝土预制桩、预应力混凝土管桩、钢桩。

②按沉桩方式划分，分为锤击法沉桩、振动法沉桩、静压法沉桩。

（2）灌注桩的成孔方法。主要有人工挖孔，冲击、夯扩、爆破，沉管灌注（锤击、振动）。

（三）桩基础的施工要求

根据《建筑与市政地基基础通用规范》（GB 55003-2021），桩基工程施工应符合下列规定。

第一，桩基础施工前，应编制桩基础工程施工组织设计或桩基础工程施工方案。其内容应包括：桩基础施工技术参数、桩基础施工工艺流程、桩基础施工方法、桩基础施工安全技术措施、应急预案、工程监测要求等。

第二，桩基础施工前应进行工艺性试验确定施工技术参数。

第三，混凝土预制桩和钢桩的起吊，运输和堆放应符合设计要求，严禁拖拉取桩。

第四，锚杆静压桩利用锚固在基础底板或承台上的锚杆提供压桩力时，应对基础底板或承台的承载力进行验算。

第五，在湿陷性黄土场地、膨胀土场地进行灌注桩施工时，应采取防止地表水、场地雨水渗入桩孔内的措施。

第六，在季节性冻土地区进行桩基施工时，应采取防止或减小桩身与冻土之间产生切向冻胀力的防护措施。

二、钢筋混凝土预制桩施工

钢筋混凝土预制桩施工包括制作、起吊、运输、堆放、打桩、接桩、截桩等过程。

（一）制作起吊、运输和堆放

1. 制作

预制桩可在工厂或施工现场预制。一般短桩（长度10m以下）多在预制厂生产，长桩则在现场附近或打桩现场就地预制，预制桩的制作应符合规范规定。

2. 起吊、运输

混凝土预制桩达到设计强度标准值的70%后方可起吊，达到设计强度标准值的100%后方可进行运输。

桩在起吊和搬运时，吊点应符合设计规定，如无吊环且设计又未作规定时，应符合起吊点弯矩最小的原则。吊索与桩之间应加衬垫，以免损坏棱角。起吊时应平稳提升，吊点同时离地，并采取措施保护桩身，防止受撞击和振动。桩的运输应根据打桩进度和打桩顺序确定，宜采用随打随运方法，以减少二次搬运工作。

3. 堆放

预制桩堆放场地应平整、坚实，不得产生不均匀沉陷。垫木与吊点的位置应相同，并保持在同一平面上，各层垫木应上下对齐，最下层垫木应适当加宽，以减少堆桩场地的地基应力，堆放层数不宜超过4层。

（二）沉（压）桩

钢筋混凝土预制桩的沉桩方法有锤击沉桩法、静力压桩法、振动沉桩法和水冲沉桩法等。

1. 锤击沉桩法

锤击沉桩法也称打入桩，是利用桩锤下落产生的冲击能克服土对桩的阻力，使桩沉到预定深度或达到持力层。该法施工速度快、机械化程度高、适用范围广，但施工时有振动、挤土和噪声污染现象，不宜在市区和夜间施工。

（1）机具设备。打桩所用的机具设备，主要包括桩锤、桩架及动力装置三部分。①桩锤是对桩施加冲击力，将桩打入土中的主要机具，有落锤、蒸汽锤、柴油锤和液压锤等。桩锤的类别应根据施工现场情况、机具设备条件及工作方式和工作效率等条件来选择。桩锤类型选定后，还要确定桩锤的质量，一般可根据地质条件，桩型、桩的密集程度、单桩竖向承载力及现有施工条件等决定，宜选择重锤低击。②桩架是支持桩身和桩锤，将桩吊到打桩位置，并在打桩过程中引导桩的方向，保证桩沿着所要求方向冲击的打桩设备。桩架的选择，应考虑桩锤的类型、桩的长度和施工条件等因素。桩架的高度由桩的长度、桩锤高度、桩帽高度及所用滑轮组的高度来决定。此外，还应留 1 ~ 2m 的高度作为桩锤的伸缩余地。即桩架高度 = 桩长 + 桩锤高度 + 桩帽高度 + 滑轮组高度 +1 ~ 2m 的起锤移位高度。常用的桩架形式有多功能桩架和履带式桩架。③动力装置包括吊装机就位和起动桩锤用的动力设施，如卷扬机、锅炉、空气压缩机等，取决于所选的桩锤。

（2）打桩前的准备工作。打桩前应做好下列工作：清除障碍物、平整施工场地，进行打桩试验，抄平放线、定桩位、确定打桩顺序等。

打桩顺序是否合理，直接影响打桩工程的速度和桩基质量。群桩施工时，为了保证打桩工程质量，防止周围建筑物受土体挤压的影响，打桩前应根据桩的密集程度，桩的规格、长短和桩架移动方面来正确选择打桩顺序。

当桩较密集时（桩中心距小于或等于4倍桩边长或桩径），应由中间向两侧对称施打或由中间向四周施打。当桩数较多时，也可采用分区段施打。当桩较稀疏时（桩中心距大于4倍桩边长或桩径），可采用上述两种打桩顺序，也可采用由一侧向单一方向施打的方式（逐排打设）或由两侧同时向中间施打。施打时还应根据基础的设计标高和桩的规格，埋深、长度不同，采取先深后浅、先大后小、先长后短的施工顺序。当一侧毗邻建筑物时，由毗邻建筑物处向另一方向施打。当桩头高出地面时，桩机宜采用往后退打，否则可采用往前顶打。

（3）打桩方法。打桩时宜用“重锤低击”“低提重打”，可取得良好效果。开始打桩时，地层软、沉降量较大，锤的落距宜较低，一般为0.6 ~ 0.8m，使桩能正常沉入土中。待桩入土一定深度（1 ~ 2m），桩尖不易产生偏移时，可适当增大落距，逐渐提高到规定的数值，并控制锤击应力连续锤击。

（4）测量和记录。为了确保工程质量，分析和处理打桩过程中出现的质量事故和为工程质量验收提供重要依据，必须在打桩过程中，对每根桩的施打进行测量并做好详细记录。打桩时，要注意测量桩顶水平标高。特别对承受轴向荷载的摩擦桩，可用水准仪测量控制。

（5）质量控制。打桩的质量标准包括：打入的位置偏差是否在允许范围之内，最后贯入度与沉桩标高是否满足设计要求，桩顶、桩身是否打坏以及对周围环境有无造成严重危害。

2. 静力压桩法

静力压桩法是在软土地基上，利用静力压桩机或液压压桩机用无振动、无噪声的静压力（自重和配重）将预制桩压入土中的一种沉桩工艺。在我国沿海软土地基上已较为广泛地采用。与锤击沉桩相比，它具有施工无噪声、无振动、节约材料、降低成本、提高施工质量、沉桩速度快等特点，特别适宜于扩建工程和城市内桩基工程施工。

（1）压桩机械设备。压桩机有两种类型，一种是机械静力压桩机。施加静压力为600～1200kN，设备高大笨重、行走移动不便、压桩速度较慢，但装配费用较低。另一种是液压静力压桩机。它由液压吊装机构、液压夹持、压桩机构（千斤顶）、行走及回转机构、液压及配电系统、配重铁等部分组成，自动化程度高，结构紧凑，行走方便快速，施压部分不在桩顶面，而在桩身侧面，是当前国内采用较广泛的一种新型压桩机械。

（2）压桩工艺。静力压桩的施工，一般都采取分段压入、逐段接长的方法。施工程序为：测量定位→压桩机就位→吊桩插桩→桩身对中调直→静压沉桩→接桩→再静压沉桩→终止压桩→切割桩头。静力压桩施工前的准备工作，桩的制作、起吊、运输、堆放、施工流水，测量放线、定位等均同锤击沉桩法。

3. 振动沉桩法

振动沉桩法是借助固定于桩头上的振动沉桩机所产生的振动力，以减小桩与土壤颗粒之间的摩擦力，使桩在自重与机械力的作用下沉入土中。振动沉桩机主要由桩架、振动桩锤、卷扬机和加压装置等组成。振动桩锤是一个箱体，工作时两块偏心块旋转的离心力形成垂直方向（向上或向下）的振动力。与振动机刚性连接的桩随着振动力沿垂直方向上下振动而下沉。

振动沉桩法主要适用于砂石、黄土、软土和粉质黏土，在含水砂层中的效果更为显著，该法不但能将桩沉入土中，还能利用振动将桩拔出，经实验证明，此法对H型钢桩和钢板桩拔出效果良好。在砂土中沉桩效率较高，对黏土地区效率较差，需用功率大的振动器。

4.水冲沉桩法

水冲沉桩法是通过在桩身两侧或空心桩内部插入带有喷嘴的射水管，利用高压水流冲松桩侧或桩尖附近的土层，使桩体在自重或外部压力的作用下顺利下沉到预定深度。这种方法常与锤击沉桩或静力压桩等方法联合使用，以提高沉桩效率。水冲沉桩法特别适用于坚硬土层、砂土、砾石层等难以直接穿透的地质条件。在这些地层中，单纯依靠锤击或静压可能难以达到预期的沉桩深度，而水冲法则能有效减小土层对桩体的阻力，使桩体顺利下沉。

其施工步骤如下。

（1）准备阶段：确定沉桩位置，安装好射水管和高压水泵等设备，确保设备能够正常运行。

（2）插管引水：将射水管插入桩身两侧或空心桩内部，并开启高压水泵，使高压水流通过喷嘴喷出。

（3）冲松土层：高压水流冲击桩侧或桩尖附近的土层，使其变得松散并产生流动，减小土层对桩体的阻力。

（4）辅助下沉：在土层被冲松后，利用桩体的自重或外部压力（如锤击、静压等）使桩体下沉。下沉过程中，可根据需要调整高压水流的强度和方向，以确保桩体能够按照预定方向顺利下沉。

（5）停止水冲：当桩体下沉到预定深度或遇到持力层时，应及时停止水冲并拔出射水管。之后，可继续采用其他沉桩方法（如锤击、静压等）将桩体下沉到最终设计深度。

（三）接桩

预制桩施工中，由于受到场地、运输及桩机设备等的限制，一般先将长桩分节预制后，再在沉桩过程中接长。目前预制桩的接桩工艺主要有焊接法接桩和法兰螺栓接桩法等。

1. 焊接法接桩

焊接法接桩，在每节桩的端部预埋角钢或钢板，接桩时上下桩身必须对准相接触，并调整垂直无误后，用点焊（将角钢固定住即可，称定位焊）将拼接角钢连接固定，再次检查位置正确后，即可进行正式焊接，使其连成整体。施焊时，应由两人同时对角对称地进行焊接，以防止节点电焊后收缩变形不均匀而引起桩身歪斜，焊缝要连续饱满。

2. 法兰螺栓接桩

法兰螺栓接桩，是用法兰盘和螺栓连接。其接桩速度快，但耗钢量大，多用于混凝土管桩。

三、混凝土灌注桩施工

混凝土灌注桩是一种直接在现场桩位上就地成孔，然后在孔内浇筑混凝土或安放钢筋笼再浇筑混凝土而成的桩。与预制桩相比，具有施工低噪声、低振动、桩长和直径可按设计要求变化自如、桩端能可靠地进入持力层或嵌入岩层、单桩承载力大、挤土影响小、含钢量低等特点。但成桩工艺较复杂，成桩速度比预制打入桩慢，成桩质量与施工有密切关系。按其成孔方法不同，可分为钻孔灌注桩、沉管灌注桩、长螺旋钻孔压灌桩和人工挖孔灌注桩等。

（一）钻孔灌注桩

钻孔灌注桩是指利用钻孔机械钻出桩孔，并在孔中浇筑混凝土（或先在孔中吊放钢筋笼）而成的桩。根据钻孔机械的钻头是否在土壤的含水层中施工，又分为泥浆护壁成孔和干作业成孔两种灌注桩施工方法。

1. 泥浆护壁成孔灌注桩

泥浆护壁成孔灌注桩适用于地下水位较高的地质条件。先由钻孔设备进行钻孔，待孔深达到设计要求后清孔，放入钢筋笼，然后进行水下浇筑混凝土而成桩。为防止在钻孔过程中塌孔，在孔中注入相对密度有一定要求的泥浆进行扩壁。按设备又分冲抓、冲击，回转钻及潜水钻成孔法。前两种适用于碎石土、砂土、黏性土及风化岩地基，后一种则适用于黏性土、淤泥、淤泥质土及砂土。

（1）施工设备。主要有冲击钻机、回转钻机、潜水钻机等。

（2）施工方法。

①钻孔。根据建筑的轴线控制桩定出桩基础的每个桩位。先挖去桩孔处表土，将护筒准确埋设入土中，并保持稳定。护筒的作用有：成孔时引导钻头方向；提高孔内泥浆水头，防止塌孔；固定桩孔位置保护孔口。

根据土质条件确定制备泥浆的方法。泥浆的作用是将钻孔内不同土层中的空隙渗填密实，使孔内渗漏水达到最低限度，并保持孔内维持一定的水压以稳定孔壁。因此，在成孔过程中应严格控制泥浆的相对密度。施工中应经常测定泥浆相对密度，并定期测定黏度、含砂率和胶体率等指标，及时调整。

桩架就位后，钻机进行钻孔。钻孔进尺速度应根据土层类别、孔径大小、钻孔深度和供水量确定。钻孔时应在孔中注入泥浆，并始终保持泥浆液面高于地下水位1.0m以上，以起护壁、携渣、润滑钻头降低钻头、发热、减少钻进阻力等作用。

②清孔。钻孔深度达到设计要求后，必须进行清孔。对于孔壁土质较好不易塌孔的桩孔，可用空气吸泥机清孔；对于稳定性差的孔壁应用泥浆（正、反）循环法或掏渣筒清孔，排渣。用原土造浆的钻孔，可使钻机空转不进尺，同时注入清水，等孔底残余的泥块已磨浆，排出泥浆比重降至1.1左右（以手触泥浆无颗粒感觉），即可认为清孔已合格。对注入制备泥浆的钻孔，可采用换浆法清孔，至换出泥浆相对密度小于1.15 ~ 1.25为合格。清孔过程中，必须及时补给足够的泥浆，以保持浆面稳定。孔底沉渣厚度对于端承桩不大于50mm，对于摩擦桩不大于300mm。

③下钢筋笼，浇混凝土。清孔完毕后，应立即吊放钢筋笼，及时进行水下浇筑混凝土。钢筋笼埋设前应在其上设置定位钢筋环，混凝土垫块或于孔中对称设置3 ~ 4根导向钢筋，以确保保护层厚度。水下浇筑混凝土通常采用导管法施工。

2. 干作业成孔灌注桩

干作业成孔灌注桩施工与泥浆护壁成孔灌注桩类似而简单，适用于地下水位较低，在成孔深度内无地下水的干土层中桩基的成孔施工。

（1）施工设备。施工设备主要有螺旋钻机、钻孔扩机、机动或人工洛阳铲等。目前常用螺旋钻机成孔。螺旋钻机利用动力带动螺旋钻杆旋转，使钻头上的叶片旋转向下切削土层，削下的土屑靠与土壁的摩擦力沿叶片上升排出孔外。适用于地下水位以上的一般黏性土、砂土或人工填土地基的成孔。

（2）施工方法。钻机按桩位就位，钻杆垂直对准桩位中心，放下钻机使钻头触及土面。钻孔时，开动转轴旋动钻杆钻进，先慢后快，避免钻杆摇晃，并随时检查钻孔偏移。一截钻杆钻入后，应停机接上第二截，继续钻到要求深度。钻孔至要求深度后，可用钻机在原处空转清土，然后停转，提升钻杆卸土。如孔底虚土超过容许厚度，可用辅助掏土工具或二次投钻清底。清孔完毕后应用盖板盖好孔口。清孔后应及时吊放钢筋笼，浇筑混凝土。

（二）沉管灌注桩

沉管灌注桩是利用锤击打桩法或振动沉管法，将带有活瓣的钢制桩尖或混凝土桩靴的钢管沉入土中，然后边拔出钢管边向钢管内灌注混凝土而形成的桩。如桩配有钢筋，则在灌注混凝土前应先吊放钢筋笼。用锤击法沉、拔管的称为锤击沉管灌注桩；用激振器沉、拔管的称为振动沉管灌注桩。沉管灌注桩成桩过程为：桩机就位→锤击（振动）沉管→上料→边轻击（振动）边拔管，边浇筑混凝土→下钢筋笼→继续拔管，浇筑混凝土→成桩。

1. 锤击沉管灌注桩

锤击沉管灌注桩宜用于一般黏性土、淤泥质土、砂土和人工填土地基。锤击沉管灌注桩施工时，用桩架吊起钢套管，关闭活瓣或放置预制混凝土桩靴。套管与桩靴连接处要垫以麻、草绳等，以防止地下水渗入管内。然后缓缓放下套管，压进土中。套管顶端扣上桩帽，检查套管与桩锤是否在同一垂直线上。先用低锤轻击，观察后如无偏移，再正常施打，直至符合设计要求的贯入度或标高。检查管内无泥浆或水进入，即可灌注混凝土。

套管内混凝土应尽量灌满，注意使管内的混凝土保持略高于地面。拔管要保持匀速，并保持连续密锤轻击不停。拔管浇筑混凝土时，应控制拔管速度，对一般土层，以不大于1m/min为宜；在软弱土层及软硬土层交界处，应控制在0.3～0.8m/min。经常探测混凝土落下的扩散情况，在管底未拔到桩顶设计标高之前，倒打或轻击不得中断，直到全管拔出为止。桩的中心距小于5倍桩管外径或小于2m时，均应采用跳打法。为提高沉管灌注桩的质量和承载能力，可采用复打法。

2. 振动沉管灌注桩

振动沉管灌注桩的适用范围除与锤击沉管灌注桩相同外，还适用于稍密及中密的碎石土地基。施工前，先安装好桩机，将桩管下端活瓣合起来或套入桩靴，对准桩位，徐徐放下套管，压入土中，即可开动振动锤或振动冲击锤沉管。桩管受振后与土体之间摩阻力减小，同时利用振动锤自重在套管上加压，套管即能沉入土中。沉管时，必须严格控制最后的贯入速度，其值按设计要求，或根据试桩和当地的施工经验确定。振动沉管灌注桩可采用单打法、反插法或复打法施工。

（三）长螺旋钻孔压灌桩

长螺旋钻孔压灌桩是我国近年来开发且应用较广的一种新工艺，适用于黏性土、粉土、砂土、填土，及非密实的碎石类土、强风化岩等。它具有穿透力强、噪声低、无振动、无泥浆污染、施工效率高、质量稳定等优点。

1. 施工设备

施工使用钻头螺旋钻杆中央是贯通的管道，作为混凝土压送的通道，与混凝土泵的输送管连接。

2. 施工方法

通过长螺旋钻钻孔，钻至设计标高后，进行空转清孔，并提钻200mm左右后开始泵送混凝土，管内空气从排气阀排出，待管内混凝土达到充满状态后开始持续提钻、持续泵送，通过螺旋叶将孔中的土钻出，混凝土占据整个钻孔。在混凝土初凝前在桩内插入钢筋笼。长螺旋钻孔压灌桩施工应注意以下几点：为保证泵送混凝土的密实度，一般在混凝土内掺入粉煤灰，用量为每立方米混凝土70～90kg，坍落度控制在160～200mm，为防止堵管，粗骨料的粒径不宜大于30mm。应准确地掌握提拔钻杆的时间，不得在泵送混凝土前提钻，以免造成桩端虚土或混凝土的离析。提钻时要连续泵送，防止桩身缩颈或短桩，这在饱和砂土、饱和粉土中尤其要重视。

钢筋笼的放置在混凝土灌注后采用专用插筋器插入。钢筋笼的端部应做成锥形封闭状，笼内插入插筋器，采用振动锤激振插筋器将钢筋插至设计标高。钢筋笼插入施工中，应根据具体条件采取措施，以保证其垂直度和保护层厚度。

（四）人工挖孔灌注桩

人工挖孔灌注桩是指桩孔采用人工挖掘方法进行成孔，然后安放钢筋笼，浇筑混凝土而成的桩。人工挖孔桩的直径除了能满足设计承载力的要求外，还应考虑施工操作的要求，故桩径不宜小于800mm，桩底一般都扩大。人工挖孔桩护壁厚度一般不小于D/10+5（cm）（其中D为桩径），每步高1m，并有100mm放坡。

1. 施工设备

人工挖孔桩施工机具比较简单，一般可根据孔径、孔深和现场具体情况加以选用，主要有：垂直运输工具，如电动葫芦和提土桶，用于施工人员、材料和弃土等垂直运输；排水工具，如潜水泵，用于抽出桩孔中的积水；通风设备，如鼓风机、输风管，用于向桩孔中强制送入新鲜空气；挖掘工具，如镐、锹、土筐等，若遇到坚硬的土层或岩石，还需准备风镐和爆破设备。此外，还有照明灯、对讲机、电铃等。

2. 施工工艺

现浇混凝土分段护壁的人工挖孔桩的施工工艺流程：按设计图纸放线、定桩位→分段开挖桩孔土方→支设护壁模板→浇筑护壁混凝土→护壁混凝土达到1.2MPa，拆除模板继续下段施工→循环施工直至挖到设计要求的深度→排出孔底积水、验槽封底→放置钢筋笼、浇筑桩身混凝土。

3. 质量要求

（1）必须保证桩孔的挖掘质量。桩孔挖成后应有专人下孔检验，检查土质是否符合勘察报告，扩孔几何尺寸与设计是否相符，孔底虚土残渣情况要做好施工记录归档。

（2）按规范规定桩孔中心线的平面位置偏差不大于50mm，桩的垂直度偏差不大于0.5%桩长，桩径不得小于设计直径。

（3）钢筋骨架要保证不变形，箍筋与主筋要点焊，钢筋笼吊入孔内后，要保证其与孔壁间有足够的保护层。

（4）混凝土坍落度宜为40～80mm，用串筒或溜管下料，连续分层浇筑，每层厚不超过1m，必须振捣密实。

4. 安全措施

人工挖孔桩的施工安全应予以特别重视。工人在桩孔内作业，应严格按安全操作规程施工，并有切实可靠的安全措施。施工人员进入孔内必须戴安全帽；孔下有人时孔口必须有人监督防护；护壁要高出地面150～200mm，挖出的土方不得堆在孔四周2m范围内，以防滚入孔内；孔内设安全绳及安全软梯，孔外周围设安全防护栏杆；孔下照明采用安全电压；潜水泵必须设有防漏电装置；应设鼓风机向井下输送洁净空气等。

第三节　沉井施工

一、沉井施工程序

沉井是深基础施工的一种常用方法，也是深基础工程的一种结构形式。其特点是：将位于地下一定深度的建筑物基础或构筑物，先在地面以上制作，形成一个筒状结构，然后在筒内不断挖土，借助井体自重而逐步下沉，下沉到预定设计标高后，进行封底，构筑筒内底板、梁、楼板、内隔墙、顶板等构件，最终形成一个地下建筑物基础或构筑物。沉井施工的一般程序为：平整场地→测量放线→开挖基坑→井壁放线→铺砂垫层和垫木或砌刃脚砖座→沉井制作→挖排水沟、集水井→抽出垫木→沉井内挖土、下沉→基底整形、浇筑垫层和底板→施工内隔墙、梁、板、顶板及辅助设施→机电设备、管道、动力、照明线路安装→调试、土建收尾。

二、沉井的制作

沉井制作有一次制作和多节制作、地面制作和基坑中制作等方式。一般来讲，如果沉井高度不大，施工方便，宜采取一次制作下沉方案，这有利于减少接高作业工序，加快施工进度。如果沉井高度和质量都很大，重心高，而地基处理不好、操作控制不严，则在下沉前易于产生倾斜，在这种情况下，一次制作困难，就应采用分节制作，节数应尽量减少。沉井的制作高度和基坑深度应根据计算确定，一般每节高度以6～8m为宜。沉井制作时，下部刃脚的支设，可视沉井质量、施工荷载和地基承载力情况，采用垫架法、半垫架法、砖垫座或土胎模。较大、较重的沉井，在软弱地基上制作时，常采用垫架或半垫架法。

沉井支模，绑扎钢筋和浇筑混凝土与一般混凝土结构施工方法相同，应重点注意的是拆模时间。大型沉井应在混凝土强度达到设计要求的强度，小型沉井应达到设计要求强度的70%，方可拆模。刃脚部分抽除其下的垫木应分区、分组、依次、对称、同步地进行，最后仅由4～6桁定位垫架或垫木支承，应验算井壁的抗裂强度，以免受力不均造成井壁破裂。抽除方法是：将垫木底部的土挖去一部分，利用卷扬机或绞磨将相应垫木抽出，每抽出1根，刃脚下都应立即用砂砾石填实，在刃脚内外侧填筑成适当高度的小砂土堤，使沉井质量传给垫层。如有内隔墙，应在支承排架拆除后，用草袋或水泥编织袋装砂回填。采取分节制作，可在前一节下沉接近地面0.5m时，继续加高井筒。

三、沉井下沉方法

沉井下沉有排水下沉和不排水下沉两种方法，前者适用于渗水量不大（每$1m^2$不大于$1m^3/min$）、稳定的黏性土，或在砂砾层中渗水量虽很大，但排水并不困难时使用；后者适用于严重的流砂地层和渗水量大的砂砾层，以及地下水无法排出或大量排水会影响附近建筑物安全的情况。

采用排水下沉法施工，多在沉井内设泵排水，沿井壁挖排水沟，集水井，用泵将地下水排出井外，边挖土边排水下沉，随着加深集水井。挖土采用人工或风动工具，对直径或边长 16m以上的大型沉井，可在沉井内用0.25～0.60m小型反铲挖掘机挖土。挖土方法一般是采用碗形挖土自重破土方式，先挖中间，逐渐挖向四周，每层挖土厚0.4～0.5m，沿刃脚周围保留0.8～1.5m宽的土堤，然后按每人负责2～3m一段向刃脚方向逐层、全面、对称、均匀地削薄土层，当土堤（城）经不住刃脚的挤压时，便在自重作用下均匀垂直破土下沉；对有流砂情况发生或遇软土层时，也可采取从刃脚挖起，下沉后再挖中间的顺序，挖出土方装在吊土斗内运出。当土城挖至刃脚沉井仍不下沉时，可采取分段对称地将刃脚下掏空或继续从中间向下进行第二层破土的方法。

采用不排水下沉法施工，挖土多用高压水枪（压力2.5～3.0MPa）将土层破碎稀释成泥浆，然后用水力吸泥机（或空气吸泥机）将泥浆排出井外，井内的水位应始终保持高出井外水1～2m。也可用起重机吊抓斗进行挖土。作业时，一般先抓或冲井底中央部分的土形成锅底形，然后均匀冲或抓刃脚边部，使沉井靠自重挤土下沉在密实土层中，刃脚土壤不易向中央坍落，则应配以射水管冲土。沉井下沉困难时，亦可采取一些辅助下沉方法，如在沉井外壁周围均匀布置水枪或射水管，借助高压水冲刷刃脚下面的土层，使沉井易于下沉；或在沉井外壁设置宽10～20cm的泥浆槽，充满触变泥浆（触变泥浆是以适当比例的膨润土和碳酸钠加水调制而成的），以减小井壁下沉的摩阻力。如果采用多节下沉，则可继续接高井身，增加下沉质量。

四、排水下沉干封底

（一）准备工作

第一，沉井封底前，在井壁底部凹槽内和隔墙预留钢筋处，需要进行凿毛，并将刃脚处凹槽内的污泥清理干净。

第二，在井点降水条件下施工的沉井，在封底前应用大石块或其他砌块将刃脚斜面下垫实，同时要检查井点降水设备是否完好，并能保持连续抽水。采用触变泥浆护壁下沉的沉井，当下沉到设计标高时，应立即准备进行置换触变泥浆工作。

第三，准备好封底时所需的各种材料和机具（包括混凝土），以及制定出封底方案（包括干封底和湿封底）。当沉井下沉到设计标高前（还应预留一定的抛高度），应及时进行封底，若拖延时日，有可能发生条件变化，产生偏差，或有大量土体涌入井内等，给干封底带来很大困难，因此，应抓紧做好封底的准备工作。

第四，封底前，还应做好井内集水井筒，以便封底时预放在井底的一定（各仓）位置，便于封底后抽出地下水之用。其深度、大小应满足水泵吸水要求。

（二）排水设施

排水工作是沉井干封底的关键。因为新浇筑的封底素混凝土，在未达到设计强度之前，是不能承受地下水压力的。因此，在素混凝土封底和浇筑钢筋混凝土底板过程中，都应重视沉井的排水工作，现分述如下。

1. 集水井的布置

在浇筑封底素混凝土（也称垫层）之前，每个井孔（格）的底部中央均应设置一个集水井和数条排水沟（根据井孔的大小和具体情况也可以少设），集水井的深度一般与砂石反滤层底面相平。如设计无砂石反滤层时，施工时应根据沉井的大小、下沉深度、地下水及土质情况，在集水井周围50cm范围内设置反滤层。集水井的深度一般为2.5 ~ 4.0m，还应保证水泵的吸水龙头从井内抽水时有足够的水深。水泵大小的选择应根据地下水的渗水量计算求得。正规集水井的做法是用钢板焊成方形或圆形井管，在井管顶部采用法兰盘，以便封闭集水井时使用。特别是在地下水位高、容易产生流砂的地区，采用法兰盘封闭更为有效，上海地区经常采用。集水井内抽水所用的水泵，其抽水能力应大于渗入井内的水量，同时还应根据所需要的水泵台数，设有一定数量的备用水泵，以保证沉井封底工作的顺利进行。

2. 井点降低地下水位

在地下水位高、土质差的地区，井内抽水时，产生流砂，将大量流砂带入井内，井内土面始终挖不到设计要求的高度。如继续挖土，将会产生井外土体坍塌，沉井产生较大的倾斜，因此，无法下沉到位。此时，除了改用不排水下沉到位后水下封底外，还可在沉井外打设井点管来降低地下水位，由于沉井一般下沉深度较深，可用喷射井点、井管井点和深井井点来降水。这样不仅克服了流砂现象，而且还保证了混凝土封底和钢筋混凝土底板的施工工作。

（三）采用干封底的几项措施

1. 沉井下沉时，改变取土的方法

水力机械冲泥除土与机械抓土相比，水力机械冲泥容易破坏地基土层，使沉井下沉到设计标高时不易稳定。因此，当地质情况较差时，为了保证原状土的承载力不被破坏，在沉井下沉到位后期快接近设计标高时（距离设计标高1m左右），可改用机械抓土。另外，沉井在软土中下沉，当沉井自重较大时，其刃脚插入软土层中较深。因此，沉井下沉到后期快接近设计标高时（距离设计标高1m）应先挖锅底，保留刃脚内侧的土堤尽量使沉井挤土下沉。这样沉井封底时，土堤可减少涌砂涌水现象。

2. 分批分仓（格）进行封底施工

当地质情况较差，沉井自重又较大时，虽已下沉到位，但井内涌土高度可达到封底底板标高以上，如果再挖土，沉井就会继续下沉。这时，封底工作宜按井底分批分格来进行（多格沉井）。分格顺序为第一批应先封沉井四周的仓位，清理一格封一格，当混凝土强度达到设计强度25%时，随即进行钢筋混凝土底板的施工。待四周仓内钢筋混凝土底板达到设计强度的80%时，再根据沉井格数的多少，分成数批来进行。浇筑封底混凝土和钢筋混凝土浇筑时，可渗入一定数量的早强剂，能加速混凝土的凝固，使混凝土强度能提前达到要求，缩短工期，从而保证沉井封底的质量和安全。

（四）干封底施工

封底前按照设计规定，一般先铺一层碎石（或砾石砂），整平后，再浇筑素混凝土封底（也称为垫层），浇筑混凝土时均需沿井壁四周向中央进行。素混凝土封底应一次浇筑，分格、分批、逐段，对称进行，不得中途停顿，避免产生施工缝而造成渗漏，浇筑封底混凝土时，不得堵塞集水井，以保证混凝土在终凝以前不浸水。素混凝土封底后表面要平整，当强度达到设计强度的25%以上时，才允许在上面绑扎底板钢筋。钢筋绑扎好，经验收合格，才可浇筑钢筋混凝土底板。

当底板钢筋混凝土强度达到设计强度时，可停止井点降水。经过计算当沉井能满足抗浮要求时，方可封填集水井。封填前应清洗干净，封填必须密实，严防渗漏。钢筋混凝土底板表面应平整，每一格（仓）内整个底板应一次浇完，不得留有施工缝，不得有渗漏。如发现有渗漏点，应采用压浆堵漏法进行处理，压浆堵漏的材料要经过设计单位认可后方能使用。

五、不排水下沉时的水下混凝土封底

不排水下沉的沉井或采用排水下沉，但干封底有困难时，也可采用垂直导管法浇筑水下混凝土来进行封底。垂直导管法即在沉井各仓内放入一根或数根直径为200～300mm的钢制导管，管底距离已挖好井底土面30～40cm，导管悬搁支承在预先在井内搭设好的支架上。在导管顶部安放（连接）一个有一定容量的漏斗，以便卸料之用。在漏斗的颈部安放一个球塞，并用铅丝联系牢。先将拌制好的混凝土（坍落度较大）装满漏斗，然后将导管顶部的球塞随混凝土的加入而缓慢下放一段距离，但不能超过导管的下口。浇筑混凝土时，割断铅丝，同时迅速不断地向漏斗内灌入混凝土，此时，导管内的球塞、空气和水均被导管内的混凝土重量向下挤压由管底排到外面，而混凝土跟随由导管底口向四周涌出而形成一个圆锥体，将导管下端部分埋入混凝土中，使水不能进入管内。所以上部向漏斗内不断加入混凝土，混凝土在重力作用下源源不断地由导管底口向外流动，使混凝土锥体不断扩大与升高，以完成水下混凝土的浇筑。由于所浇筑的混凝土锥体只有表面能接触静水面，而内部未受到水的侵蚀，从而保证了混凝土的质量。

（一）水下混凝土浇筑前的井内准备工作

为保证工程质量与施工安全，灌筑水下混凝土之前要进行一系列准备工作。主要有水下清基、搭设施工平台、仓面布置等。这些准备工作要占许多时间，还要花费部分人力和财力。稍有不慎就会在施工中出现难以补救的质量事故。因此，事先应制订周密的计划和详细的施工组织设计来进行施工。

1. 水下清基

井内水下开挖出的锅底，派潜水员下去清理。测量锅底深度、高程及范围大小是否满足设计要求。清除散布在锅底部的各种杂物，将锅底底面清理平整，以便改善地基的承载力，提高建筑物的稳定性、基础防渗性和减小沉降量。

2. 搭设施工平台

导管法浇筑水下混凝土的施工平台一般采用双层面板形成上下双层的工作平台，下层专门用于导管升降操作。转料斗固定在上层工作平台上。承料漏斗及导管则通过可以提升的导管的链滑车或小型卷扬机悬挂在上层平台横梁上。

为防止仓面溅落的零星混凝土直接落入井内，上层平台面板应密封。浇筑混凝土时，混凝土熟料由转料斗经漏斗进入导管内，工人可在下层平台上操作导管。当转料斗装在可以移动的运输设备上时，运输时可采用只有一层面板的工作平台，浇筑时，可依次把转料斗移至各导管的承料漏斗上卸料。

3. 仓面布置

导管平面布置必须使整个仓面都在导管作用半径范围之内，最大作用半径不得超过4.5m，导管间距最大不大于6m。当采用两根或多根导管浇筑水下混凝土，其仓面基地坡度缓于1∶5，局部凹陷小于0.5m时，可以均匀布置导管。否则，导管应布置在凹处和坡面最低处。

此时，还应根据实际情况，适当调整导管的位置：如果基础地形复杂、障碍物多和可能漏浆的地方宜将导管布置密些；深水浇筑水下混凝土出事故难以补救及要求混凝土质量较高的部位，应考虑在浇筑的导管旁边另有导管取代；四周导管比中间布置的距离要密些；在泥浆中浇筑水下混凝土时，导管布置应比清水环境中要密些。并且还要注意相邻导管间距不大于3.5m，距井壁的距离不大于1～1.5m。

采用的导管长度，应由实际导管测量得出，不能仅根据计算决定。这可防止由于导管长度估算不准，造成底塞逃脱和浇筑过程中对埋管估计过深，使提管脱出混凝土面。在浇筑混凝土过程中，导管只能上下提动，不宜左右挪动。只有采用柔性管浇筑水下混凝土时，才可允许上下提动和左右挪动。但浇筑强度应满足挪动时，能在已浇筑混凝土拌和物未初凝前浇筑新混凝土。

（二）水下混凝土拌和物的技术要求

在有水环境下浇筑混凝土，会受到环境水的侵蚀、扰动和稀释的影响。为减少或避免这些不利因素，不仅要求采用特殊的施工方法，还要求用于水下浇筑的混凝土拌和物具有和易性好、流动性大、不离析，以便于施工操作，减少水下浇筑事故和得到均匀密实的水下混凝土。

（1）应具有较好的和易性。混凝土拌和物的和易性表现在流动性、黏聚性和保水性三个方面。其中和易性是指混凝土拌和物在本身自重作用下能够自行流动的性能；黏聚性是反映混凝土拌和物抗离析的性能；保水性是指混凝土拌和物保持水分不易析出的能力。

水下浇筑混凝土一般不采取振捣密实，而是依靠其自重（或压力）和流动性淌平。若流动性差，就会在混凝土中形成蜂窝或空洞，严重影响混凝土的质量。水下混凝土大多要通过各种管道来输送，如流动性差，就容易造成堵管事故，使水下混凝土无法连续进行。但过大的坍落度，不仅增加注浆量而且浪费水泥，采用导管法、泵送法时，还容易造成开浇阶段下注过快而使管口脱空，造成反水事故。

（2）较小的泌水性。试验证明：泌水率为1.2%～1.8%的混凝土拌和物具有较好的黏聚性，实际施工时，控制2h内析出的水分不大于混凝土体积的1.5%，即泌水率在4.0%以内被认为合格。

六、沉井施工方法对比

（一）工艺优势及适用范围

各类沉井施工工艺基本都是依靠井筒下沉完成整个沉井的施工，但在沉井结构、下沉及挖掘方式等方面都有不同的特点及适用地质，一般情况下，会根据不同的施工环境及地质条件，选择最适合的沉井工艺方法。

（二）工艺局限性

由于工程所处的地质条件及施工环境大相径庭，因此，在不同的情况下，一般会选择最适合的施工方法，并充分考虑各类工艺是否能够适应技术及成本要求，以充分发挥各类施工方法各自的优势。但以上主流工艺方法都具有一定的局限性，自重下沉式沉井由于主要依靠自重下沉，因此，下沉过程可控性较差，在实际施工中常会发生下沉困难的问题；压入下沉沉井避免了刃脚切削力量不足的问题，但挖土过程中也可能发生突沉及超沉的情况，下沉精度控制能力较差；VSM装备通过悬挂式下沉解决了突沉问题，但更适用于硬质底层竖井施工，且全套设备由于进口价格很高，对项目成本有严格的要求。

七、主动控制型装配式沉井工法设计

（一）APM施工工艺

由于各类施工方法具有一定局限性，为提高沉井施工效率及质量的同时能够降低成本，因此，以各类施工方法的优势为基础，吸收各套自动化设备的先进技术，提出了主动控制型装配式沉井工法（Actively-controlled Precast caisson sinkingmethod，APM）。APM 施工工艺的设计构想，结合了自动挖土系统及悬挂下沉系统的优势，并采用灵活的构造结构设计，可适用于各种结构类型的沉井如钢结构沉井、混凝土沉井等。其主要工艺原理为通过水下开挖成井工艺，采用水下机械化开挖、预制井壁下沉、水下封底等设计，实现沉井高度机械化的施工。不同于传统的水下沉井工艺需要抓斗取土，APM工艺类似VSM工艺的挖掘方式，采用了水下机器人进行挖掘，且机器人固定于水下十字梁上，可通过合理的布局及挖掘区域分配，即可适用于各类形状的沉井结构。APM 工艺施工装备系统主要包括推进悬吊系统、取土系统、润滑系统、拼装系统及控制系统。井身为预制管节拼装，沉井井身外壁注入减摩泥浆，井口布置推进悬吊系统主动控制沉井下沉，井内采用水下机器人取土施工。

（二）APM施工设备

推进悬吊系统。在井口布置的推进悬吊系统主要由4组提压装置、压环和液压控制系统组成，施工过程中，推进悬吊系统主动控制沉井井身下沉的速率和行程，保证沉井的下沉过程的稳定。整个下沉过程中，4组提压设备所提供的拉力及压力均由环梁下抗拔桩提供反力。

取土系统。取土系统主要由十字梁上布置的水下机器人及相应排泥浆管路等辅助设备组成，沉井取土采用十字梁上安装的水下机器人在沉井内水下绞吸取土，泥浆通过设备上泥浆泵及卷盘泥浆管路泵送至地面。

润滑系统。在沉井井身外壁注入减摩泥浆，减少沉井下沉摩擦阻力，对沉井下沉起到助沉效果，同时，随着沉井下沉，泥浆套同步注浆补浆。

拼装系统。沉井井身采用预制管节进行拼装，现场采用吊车吊装管片，并在沉井管片周边安装管片紧固装置。

控制系统。施工操作采用了一套可视化系统，该系统集成了装备和施工的各项关键数据与信息，用可视化的方式向操作人员直观地表达施工情况。它具有沉井结构参数模块、关键施工参数与施工进度模块、三维虚拟开挖模块、刀具挖掘轨迹模块、注浆模块、压力矢量模块、土体扰动模块、报警模块、辅助功能模块等，功能完备，便于施工操作。

第四章　土木工程滑坡治理

第一节　滑坡的勘测

一、滑坡勘测的目的与内容

滑坡勘测的目的是用各种勘测手段查明滑坡的环境地质条件、规模、范围、性质、原因、变形历史、危害程度和发展趋势等，为滑坡分析和有效治理提供基本资料和科学依据，主要有以下内容。

第一，确定滑坡面、滑动带（相邻深度两滑动面之间的薄层）、滑体以及其他滑坡要素。

第二，确定滑体、滑动带和滑床（稳定地层）的物质组成结构，并采取相应的岩土样品做相关的物理力学性质试验。

第三，确定各层地下水的位置、流向、性质、分布和平衡情况。

第四，查明滑坡的范围、规模、地质背景、性质及其危害程度，分析滑坡产生的主次条件和滑坡原因，并判断稳定程度，预测其发展趋势和提出预防与治理方案建议。

二、滑坡工程地质测绘和调查

滑坡勘察应进行工程地质测绘和调查，调查范围应包括滑坡及其邻近地段。比例尺可选用1：200～1：1000。用于整治设计时，比例尺应选用1：200～1：500。

滑坡区的工程地质测绘和调查，除应包含一般岩土工程地质测绘和调查内容外，尚应调查下列内容。

第一，搜集地质、水文、气象、地震和人类活动等相关资料。

第二，滑坡的形态要素和演化过程，圈定滑坡周界。

第三，地表水、地下水、泉和湿地等的分布。

第四，树木的异态、工程设施的变形等。

第五，当地治理滑坡的经验。

第六，对滑坡的重点部位应摄影或录像。

地面调查是工程地质工作的重要环节，许多重要的或者细微的地质现象只有通过地面调查才可获得，然后经过综合、分析、取舍、推断，得到正确的结论。调查工作开始之前，应广泛收集工作区的地形、地貌、地质、遥感影像、气象、水文、地震资料及已有的调查、勘探等有关资料，对其进行分析研究。调查时，应就滑坡变形史、变形迹象、危害等进行详细调查、访问，调查工作区域各类滑坡发生的时间及其与环境因素的关系，在可能范围内进行工程地质比拟。通过地貌形态和地表形迹的调查，查明滑坡是否存在及当前的稳定状态。进行地质和水文地质条件的调查，查明地层岩性、岩体结构、地质构造及水文地质条件，进行诱发滑动因素调查以及滑动前兆现象的调查。

经验推测就是指基于以往对不同滑坡的分析对比而得出的经验，结合地面调查（工程地质测绘）的信息，分析推测实地滑坡滑动面形状、滑体厚度、滑动性质，从而为必要时的地下勘探和土工试验提供充分的资料。相对于其他勘测手段，经验推测法具有费用较低、适合地形条件困难地区的优点。

三、滑坡勘探

滑坡勘探的目的是在地面详细调查测绘的基础上进一步查清坡体和滑床的地质结构，滑动面的位置、埋深、层数、形态，地下水的分布位置、层数、水量、补给与排泄方向及其与滑坡的关系，同时采取必要的岩土、水样供试验使用，为滑坡的深部位移动监测提供条件。

勘探线和勘探点的布置应根据工程地质条件、地下水情况和滑坡形态确定。除沿主滑方向应布置勘探线外，在其两侧滑坡体外也应布置一定数量的勘探线。勘探点间距不宜大于40m，在滑坡体转折处和预计采取工程措施的地段，也应布置勘探点。

钻探是一种常用的岩土工程勘测技术，它是使用钻机穿透地层、研究滑坡地质情况、推测滑坡几何要素的有效手段。钻探的目的是推测滑动面和基岩的位置，探测滑坡区域各土层的工程地质和水文地质情况，提供土工试验所需的岩土样品。合理的钻孔布置是确保优质钻探资料的前提。滑坡主轴线（主滑方向）上的钻孔应能保证钻探资料足以反映滑坡的整体特征。当滑坡有明显分级或分块时，对每一级或每一块均应布孔。勘探孔的深度应穿过最下一层滑面，进入稳定地层，控制性勘探孔应深入稳定地层一定深度，满足滑坡治理需要。施钻过程中必须及时准确记录钻探过程中的各种异常情况，如缩孔、掉块、卡钻、漏水等，并标明其位置。施钻方法的选择应以易于发现软弱夹层和含水层为主，并以尽可能保持地层的原状结构和提取足够数量的原状岩芯为原则。

第二节　滑坡的类型和稳定性分析

一、滑坡类型

由于自然条件千变万化，滑坡的成因、形态以及滑动的过程亦各有特点，为了便于滑坡的识别和治理，需根据滑坡体的物质组成和结构型式等主要因素，对滑坡进行分类。

滑坡的类型有很多，按滑体物质分为土质滑坡和岩质滑坡，前者又分为黄土滑坡、黏性土滑坡（包括膨胀土滑坡）、堆积土滑坡和堆填土滑坡，后者又分为岩体滑坡和破碎岩体滑坡。按滑坡的发生年代分为古老滑坡和新生滑坡。按滑动力学性质（运动形式）分为推移式滑坡、牵引式滑坡和混合式滑坡。

对滑坡进行分类，主要有以下几点作用。

一是便于滑坡工作者能以相通的术语相互交流。

二是便于工程师根据滑坡类型援引往例进行滑坡稳定分析和防护治理工作。

三是便于滑坡研究人员有针对性地进行深入广泛的研究。

四是便于世界范围内滑坡编目工作的开展。

五是便于行业或地区滑坡规程的编制和实施。

二、滑坡稳定性分析

滑坡稳定性分析的目的是判断滑坡的稳定状态，为滑坡的防治提供稳定性分析资料。滑坡的稳定性分析包括定性判断和定量计算。

定性判断可以从以下几个方面进行：①根据滑坡的地貌形态判断滑坡的稳定性；②根据滑坡的工程地质类比来判断滑坡的稳定性；③根据滑坡前的各种迹象判断滑坡的稳定性。

定量计算的主要工作是确定下滑力和抗滑强度，可以有以下几种方法进行定量分析计算：①常规土坡稳定计算方法；②岩质滑坡极限（极值）平衡方法；③数值计算方法；④模型试验方法。

常规土坡稳定性分析计算方法是从最初的瑞典圆弧法发展起来的，以后逐渐扩展到其他形式的滑面，并发展了各种各样的条分法以考虑条间力的作用。

滑坡的稳定性计算应符合下列要求：①正确选择有代表性的分析断面，正确划分牵引段、主滑段和抗滑段；②正确选用强度指标，宜根据测试成果、反分析和当地经验综合确定；③有地下水时，应计入浮托力和水压力；④根据滑面（滑带）条件，按平面、圆弧或折线，选用正确的计算模型；⑤当有局部滑动可能时，除验算整体稳定外，尚应验算局部稳定；⑥当有地震、冲刷、人类活动等影响因素时，应顾及这些因素对稳定的影响。

第三节　滑坡的整治措施

一、滑坡防治的原则

防治滑坡应当贯彻“早期发现，以防为主，防治结合”的原则。对滑坡的整治，应针对引起滑坡的主导因素综合治理，原则上应一次根治，不留后患。对性质复杂、规模巨大，短期内不易查清或工程建设进度不允许完全查清后再整治的滑坡，应在保证建设工程安全的前提下作出全面整治规划，采用分期治理的方法，使后期工程能获得必需的资料，争取到一定的建设时间，保证整个工程的安全和效益。对建设工程随时可能产生危害的滑坡，应先采用立即生效的工程措施，然后做其他工程。一般情况下，对滑坡进行整治的时间，宜在旱季为好。施工方法和程序应遵循以下原则：避免造成滑坡产生新的滑动为原则，动态设计、信息化施工的原则，加强防滑工程维修保养的原则，滑坡防治与环境保护、水土保持、文物保护相结合的原则。同时，滑坡防治应考虑环境保护，如污水、泥浆处理，降低粉尘、噪声污染等，尤其是在城镇地区，应对滑坡防治工程进行绿化、美化，结合当地气候环境，种植植被树木，防治水土流失；在文物保护区应妥善处理保护文物，滑坡防治工程还可结合地方文化进行景观设计，体现地方民族风俗文化特点。

二、滑坡治理的主要工程措施

（一）预防措施

一是在斜坡地带进行房屋、公路、铁路建设前，必须首先做好工程勘察工作，查明有无滑坡，或滑坡的发育阶段存在。

二是在斜坡地带进行挖方或填方时，必须事先查明坡体岩土条件、地面水排泄和地下水情况，做好边坡和排水工程设计，避免造成工程滑坡。

三是施工前应做好施工组织设计，制定挖方的施工顺序，合理安排弃土的堆放场地，禁止大药量爆破，做好施工用水的排泄管理等。

四是做好使用期间的管理和有危险的边坡监测。

五是对于已查明为大型滑坡或滑坡群，或近期正在活动的滑坡，一般情况下建设工程均宜加以避让。当必须进行建设时，应制定详细的防治对策，经技术经济论证对比后，慎重取舍建设场地。

（二）处理措施

根据工程地质、水文地质条件以及施工影响等因素，分析滑坡可能发生或发展的主要原因，采取防止滑坡的处理措施。

1. 清除滑坡体

选择场地时，通过收集资料、调查访问和现场踏勘，查明是否有滑坡存在，并对场址的整体稳定性进行判断。对场址有直接危害的大、中型滑坡应避开为宜；对无向上及两侧发展可能的小型滑坡，可考虑将整个滑坡体挖除，或用某些导滑工程，将滑坡的滑动方向改变，使其不危害建设工程。

2. 卸载

在保证卸载区上方及两侧岩土稳定的情况下，可在滑体主动区卸载，但不得在滑体被动区卸载。对于推动式滑坡，在上部主滑地段减重，常起到根治滑坡的效果。

3. 反压

在滑坡的抗滑段和滑坡体外前缘堆填土石加重，如做成堤、坝等，能增大抗滑力而稳定滑坡。但必须注意只能在抗滑段加重反压，不能填于主滑地段。而且填方时，必须做好地下排水工程，不能因填土堵塞原有地下水出口，造成后患。减重和反压后，应验算滑面从残存的滑体薄弱部位及反压体地面剪出的可能性。

4. 排水

排水工程包括地表排水工程和地下排水工程。

（1）地表排水工程。排除地表水的目的主要是拦截旁引地表水不流入滑坡体内，以及使滑坡体内地表水及时排走。地表排水工程包括滑坡区以外的山坡环形截水沟、滑坡区内的树枝状排水沟及自然沟谷，形成一个统一的排水网络。应注意沟渠的防渗，防止沟渠渗漏和溢流于沟外，对于易降暴雨地方的坡体张裂隙，要用柔性物料（如黏土）堵塞密封，防止地表水进入裂隙形成很高的水压，导致滑坡。

（2）地下排水工程。排除地下水的目的是降低地下水位，消除或减轻水对滑体的静水压力、浮托力和动水压力，以及地下水对滑体的物理化学破坏作用。地下排水工程包括支撑渗沟、截水渗沟、水平钻孔排水、垂直排水钻孔、垂直疏干井排水与深部水平排水廊洞以及它们的组合等。

5. 支挡

抗滑支挡工程，包括抗滑挡土墙、抗滑桩、预应力锚索抗滑桩、预应力锚索框架或地梁等，由于它们能迅速恢复和增加滑坡的抗滑力使滑坡得到稳定而被广泛应用。

（1）抗滑挡土墙。抗滑挡土墙是用来支撑路基填土或山坡土（岩）体，防止填土或土（岩）体变形失稳的一种构筑物。挡土墙的形式有重力式挡土墙（包括衡重式挡土墙）、薄壁式挡土墙（包括悬臂式和扶壁式挡土墙）、加筋式挡土墙、锚杆式和锚定板式挡土墙，还有竖向预应力锚杆式、土钉式及桩板式挡土墙等。重力式挡土墙最为常见，一般设置在滑体的前缘。如滑坡为多级滑动，总推力太大，在坡脚一级支挡工作量太大时，可分级支挡。锚杆式挡土墙是近几十年来发展起来的新型支挡结构，可节约材料，代替了庞大的圬工挡土墙。锚杆式挡土墙由锚杆、肋柱和挡板三部分组成。滑坡推力作用在挡板上，由挡板将滑坡推力传于肋柱，再由肋柱传至锚杆上，最后通过锚杆传到滑动面以下的稳定地层中，靠锚杆的锚固力来维持整个结构的稳定性。

（2）抗滑桩。抗滑桩系穿过滑坡体固定于滑床的桩体，是借助桩与周围岩土共同作用，把滑坡推力传递到稳定地层的一种抗滑结构。由于这种支挡结构具有比抗滑挡土墙开挖面小、圬工体积小、施工速度快等优点，因而得到了广泛的应用与推广。对于滑体较厚、滑床埋藏较深且下有坚实地层、复杂、推动力大的滑坡，当采用抗滑挡土墙圬工量大，或缺乏石料、施工开挖困难，并且容易引起滑坡体下滑时，则宜采用抗滑桩来稳定滑坡体的变形。抗滑支挡结构的基底应埋置于滑动面以下的稳定土（岩）层中。抗滑支挡结构的选型、选材、断面大小、长度、布置组合形式及其间距，要能满足抗剪断、抗压、抗弯，抗滑移、抗倾覆等要求，必要时应验算墙（桩）顶以上的土（岩）体从墙（桩）顶滑出的可能性。

（3）预应力锚索（杆）及其与其他支挡结构联合应用。预应力锚索（杆）技术的引入，使滑坡防治工程由被动支护进入主动支护阶段，充分发挥了滑坡体的潜能。从强度理论上分析，通过对滑坡体施加预应力：一方面增大了滑体的抗滑阻力，另一方面减小了滑体的下滑力。从变形理论上分析，预应力锚索大大改变了滑坡体作为工程复合材料的性能，增加了整体刚度，充分发挥了滑体的自承能力，形成了主动制约下滑力的复合墙体，由于预应力的施加，迫使滑体内部应力重新分布，这大大延长了变形体的塑性变形发展阶段，主动控制了滑坡的变形破坏过程。为保证加固效果，在锚索（杆）之间布置混凝土（钢）横梁，并在锚头和横梁上挂设金属网，然后在网上喷水泥砂浆或混凝土，以防表面碎石滚落和风化，这样就构成了一个完整的锚索（杆）加固系统，更好地起到了加固和防护作用。预应力锚索抗滑桩是桩—预应力锚索组成一个联合受力体系，用锚索拉力平衡滑坡推力，可以改变悬臂桩的受力机制，使桩的弯矩大大减小，桩的埋置深度变浅，达到了受力合理、降低工程费用、缩短工期的目的。

6. 滑带土改良

滑带土的改良是通过采用各种各样的方法来改变滑带土的性质，提高其抗剪强度，增加滑坡本身的抗滑动能力。包括爆破破坏滑动面、滑带土焙烧加固、电化学（电渗）、冻结加固、滑带灌浆（水泥浆和化学浆液）、石灰（砂）桩、旋喷桩等措施。

7. 坡面防护

当边坡整体稳定无滑动问题，仅对边坡表面或局部出现的变形破坏而采取的防护措施，称为坡面防护，其目的是防止边坡表面侵蚀、岩土流失、风化剥落以及防止局部崩落。坡面防护常用的方法可分为两类，即工程防护和生态防护。

第四节　滑坡的监测

一、滑坡监测的作用

滑坡的监测是指通过对滑坡的动态观测，判断滑坡的发育阶段，并进行防灾减灾预报。具体来说，监测的作用有以下几点：作为滑坡勘察的手段之一，为滑坡勘察提供定量数据，帮助查明滑坡性质，为预防和治理滑坡提供资料；边坡防治工程施工期间的安全监测，能够保障施工安全；监测检验治理工程的效果；监测滑坡动态，预警预报危险滑坡，防止造成灾害。

二、监测的内容及方法

监测的内容一般包括：地表裂缝位错监测、地表大地变形监测、地面倾斜监测、建筑物变形监测、滑坡裂缝多点位移监测、滑坡深部位移监测、地下水监测、孔隙水压力监测、滑坡地应力监测、声发射监测、降雨和环境监测等。对于Ⅰ级滑坡防治工程，应建立地表与深部相结合的综合立体监测网。

地表裂缝位错监测是了解地裂缝伸缩变化和位错情况。可采用伸缩仪、位错计、千分卡等进行量测，测量精度为0.1～1.0mm。

地表大地变形监测是滑坡监测中的常项，绝对位移监测常采用大地测量法和近景摄影测量法等。经常采用经纬仪、全站仪、GPS等测量仪器了解滑坡体水平位移、垂直位移以及变化速率。点位误差要求不超过±5.4mm，水准测量每公里中误差小于±1.5mm，对于土质滑坡，精度可适当降低，但要求水准测量每公里中误差不超过±3.0mm。近景摄影测量法是把近景摄影仪安置在两个不同位置的固定测点上，同时对滑坡体的观测点摄影构成立体相片，利用立体坐标仪量测相片上各测点的三维坐标进行测量的方法。近景摄影测量设站受地形条件限制，内业工作量大，适合对临空陡崖进行监测。

目前，激光测距仪、高精度电子经纬仪以及基于光纤传感的滑坡监测系统正逐步广泛应用于滑坡动态监测中，并向高精度的综合自动化遥测系统发展，可以让观测人员远离滑坡危害区，就能够自动采集、存储、打印和显示滑坡变形监测数据，绘制各种变化曲线和图表，具有监测内容丰富、覆盖面广、信息容量大、可全天候实时观测、远距离传输、省时省力等特点。

锚索测力计用于预应力锚索监测，以了解预应力动态变化和锚索的长期工作性能，为工程实施提供依据。采用轮辐式压力传感器、钢弦式压力盒、应变式压力盒、液压式压力盒进行监测。长期监测的锚杆数不少于总数的5%。

压力盒用于抗滑桩受力和滑带承重阻滑受力监测，以了解滑坡体传递给支挡工程的压力。压力传感器依据结构和测量原理区分，类型繁多，使用中应考虑传感器的量程与精度、稳定性、抗震及抗冲击性能、密封性等因素。

由于地下水和地表水对滑坡的影响至关重要，因此通过滑坡的水文地质观测，掌握地下水和地表水的变化规律，为滑坡的排水防渗工程设计提供依据尤为重要。水文地质观测的内容包括：滑坡地段自然沟壑、截排水沟中的地表水流量随时间变化的情况，滑坡体内地下水位、水量、水温、气温等变化规律，地下水孔隙水压力、扬压力、动水压力及地下水水质监测。水文地质观测资料应和位移观测资料一起作为综合分析的依据。

声发射监测是收集岩土破坏时所发出的与周围环境不同的音响，分析其频率和振幅，评价滑动带的位置、发展和扩大范围、破坏程度等。声发射仪性能比较稳定、灵敏度高、操作简便，能实现有线自动巡回检测。一般来说，岩石破裂产生的声发射信号比观测到位移信息超前2～7s，因此，适用于岩质斜坡处于临滑阶段的前兆性监测。对于处于蠕动变形阶段和匀速变形阶段的滑坡体，可以不采用。

三、监测网点的布设与监测周期

监测网点的布设取决于监测目的和要求。应根据滑体的形体特征、变形特征和赋存条件，因地制宜地进行布设。监测网由监测线（剖面）和监测点组成，要求能形成点、线、面、体的三维立体监测网，能全面监测滑坡体的变形方位、变形量、变形速度、时空动态及发展趋势，能监测其致灾因素和相关因素，能满足监测预报各方面的具体要求。

监测剖面是监测网的重要构成部分，每条监测剖面要控制一个主要变形方向，监测剖面原则上要求与勘察剖面重合（或平行），同时应为稳定性计算剖面。监测剖面不完全依附于勘察剖面，而应具有轻巧灵活的特点，应根据滑坡体的不同变形块体和不同变形方位进行控制性布设。监测剖面应充分利用勘察工程的钻孔、平硐、竖井布设深部监测，尽量构成立体监测剖面。监测剖面应以绝对位移监测为主体，在剖面所经过的裂缝、滑带上布置相对位移监测和其他监测，构成多手段、多参数、多层次的综合性立体监测剖面，达到互相验证、校核、补充并可以进行综合分析评判的目的。监测剖面布设时，可适当照顾大地测量网的通视条件及测量网形（如方格网），但仍以地质目的为主，不可兼顾时应改变测量方法以适应监测剖面。

监测点的布设首先应考虑勘察点的利用与对应。利用钻孔或平硐、竖井进行深部变形监测，孔口建立大地测量标桩，构成绝对位移与相对位移连体监测，扩大监测途径。监测点要尽量靠近监测剖面，一般应尽可能地控制在5m范围内。若受通常条件限制或因为其他原因，亦可单独布点。每个监测点应有自己独立的监测功能和预报功能，充分发挥每个监测点的功效。监测点不要求平均分布，对滑带，尤其是滑带深部变形监测，应尽可能地布设。对地表变形剧烈地段和对整个滑坡体稳定性起关键作用的块体，应重点控制，适当增加监测点和监测手段。但对滑坡体内变形较弱的块段，也必须有监测点予以控制并具代表性。

监测周期的确定取决于坡体变形的快慢。变形快者应间隔时间短，一周或半月一次，变形缓慢者间隔时间长，可一到两个月一次；很缓慢甚至趋于稳定者，可三个月一次。但在施工期，为确保施工安全，汛期、雨季等有不利因素影响以及变形加剧时应加密监测。

第五章　岩土工程勘察

第一节　岩土工程勘察的基本任务与程序

一、岩土工程勘察的基本任务

通过工程地质调查与测绘、勘探与岩土取样、原位测试、室内试验和岩土工程监测等工作，岩土工程勘察将完成以下任务。

一是场地稳定性的评价。对若干可能的建筑场地或建筑场地不同地段的建筑适宜性进行技术论证，对公路和铁路各线路方案和控制工程的工程地质和水文地质条件进行可行性分析。

二是为岩土工程设计提供场地地层和地下水分布的几何参数，以及岩土体工程参数。

三是对岩土工程施工过程中，可能出现的各种岩土工程问题（如开挖、降水、沉桩等）作出预测，并提出相应的防治措施和合理施工方法的建议。

四是对建筑地基作出岩土工程评价，对基础方案、岩土加固与改良方案或其他人工地基设计方案进行论证和提出建议，根据设计意图监督地基施工质量。

五是预测由于场地及邻近地区自然环境的变化对建筑场地可能造成的影响，以及工程本身对场地环境可能产生的变化及其对工程的影响。

六是为现有工程安全性的评定、拟建工程对现有工程的影响和事故工程的调查分析提供依据；指导岩土工程在运营和使用期间的长期观测，如建筑物的沉降和变形观测等工作。

二、岩土工程勘察的基本程序

（一）岩土工程勘察的主要程序

根据政府或其主管部门的有关批文，按规划或设计部门所定的拟建工程地点或路线的必经点（县、市或特殊地点），以及可能的线路方案进行岩土工程勘察工作，其主要程序如下。

一是通过调查、搜集资料、现场踏勘或工程地质测绘，初步了解场地的工程地质条件、不良地质现象及其他主要问题。

二是针对工程的特点，结合场地的工程地质条件，明确工程可能出现的具体岩土工程问题（可采用分析原理或计算模式），以及所需提供的岩土技术参数。

三是有针对性地制定岩土工程勘察纲要，选择有效的勘探测试手段，积极采用新技术和综合测试方法，计算合理的工作量，获得所需的岩土技术参数。

四是确定岩土参数的最佳估值。通过岩土的室内或现场测试，依据场地的地质条件，考虑到岩土材料的不均匀性、各向异性和随时间的变化，评估岩土参数的不确定性，比较工程中岩土体工程性状与室内试验和现场测试的岩土体工程性状间的关系，用统计分析方法，确定岩土参数的最佳估值。当岩土参数有较大不确定性时，建议的设计岩土参数尤应慎重，必要时可通过原型试验或现场监测检验，或修正所建议的设计参数。

五是根据所建议的岩土设计参数和工程经验的判断，对特定的岩土工程问题作出分析评价，并提出改良和防治措施的方案。

六是对重要工程进行岩土施工的监测和监理，检查和监督施工质量，使其符合设计意图，或根据现场实际情况的变化，对设计提出修改意见。这里所讲的监理并非指工程建设项目实施阶段的施工监理，即建设监理，而是指重要工程中由勘察单位对其岩土工程问题所实施的监理，其目的是使工程建设中岩土工程问题的勘察、设计、处理和监测密切结合，成为一体化的专业体制，即岩土工程体制，使其服务于工程建设的全过程。

七是岩土工程运营使用期限内进行长期观测（如建筑物的沉降、变形观测），用工程实践检验岩土工程勘察的质量，积累地区性经验，提高岩土工程勘察水平。

可见，岩土工程勘察工作不仅在设计、施工前进行，而且在施工过程中，甚至延续到工程竣工后的长期观测，把勘察、设计、施工截然分开，各管一段的想法是有缺陷的。这里也对岩土专业工程师提出了拓宽专业理论、丰富实践经验的要求，只有懂得该工程建筑物的功能和工作特点，熟悉施工工艺，才能出色地完成岩土工程勘察的全过程任务。

（二）承接勘察项目

通常由建设单位会同设计单位即委托方（简称甲方），委托勘察单位即承包方（简称乙方）进行。签订合同时，甲方需向乙方提供下列文件和资料，并对其可靠性负责工程项目批件：用地批件（附红线范围的复制件）；岩土工程勘察工程委托书及其技术要求（包括特殊技术要求）；勘察场地现状地形图（其比例尺须与勘察阶段相适应）；勘察范围和建筑总平面布置图各一份（特殊情况可用有相对位置的平面图）；已有的勘察与测量资料。

（三）筹备勘察工作

筹备勘察工作，是保证勘察工作顺利进行的重要步骤，包括组织踏勘，人员设备安排，水、电、道路三通及场地平整等工作。

（四）编写勘察纲要

应根据合同任务要求和踏勘调查的结果，分析预估建筑场地的复杂程度及其岩土工程性状，按勘察阶段要求布置相适应的勘察工作量，并选择勘察方法和勘探测试手段。在制订计划时，还需考虑勘察过程中可能未预料到的问题，需为更改勘察方案而留有余地。一般勘察纲要主要内容如下：制定勘察纲要的依据，勘察委托书及合同、工程名称，勘察阶段、工程性质和技术要求以及场地的岩土工程条件分析等：勘察场地的自然条件，地理位置及地质概况简述（包括搜集的地震资料、水文气象及当地的建筑经验等）；指明场地存在的问题和应研究的重点；勘察方案确定和勘察工作布置，包括尚需继续搜集的文献和档案资料，工程地质测绘与调查，现场勘探与测试，室内水、土试验，现场监测工作以及勘察资料检查与整理等工作量的预估；预估勘察过程中可能遇到的问题及解决问题的方法和措施；制订勘察进度计划，并附有勘察技术要求和勘察工作量的平面布置图等。

（五）进行现场勘察和室内水土试验

勘探工作量是根据工程地质测绘、工程性质和勘测方法综合确定的，目的是鉴别岩、土性质和划分地层。工程地质测绘与调查，常在选址可行性研究或初步勘察阶段进行。对于详细勘察阶段的复杂场地也应考虑工程地质测绘。测绘之前应尽量利用航片或卫片的判释资料，测绘的比例尺选址时为1：5000～1：50000；初勘时为1：2000～1：10000；详勘时为1：500～1：2000，或更大些；当场地的地质条件简单时，仅做调查。根据测绘成果可进行建筑场地的工程地质条件分区，为场地的稳定性和建设适宜性进行初判。

勘探方法有钻探、井探、槽探和物探等，并可配合原位测试和采取原状土试样、水试样进行室内土水试验分析。勘探完后，还要对勘探井孔进行回填，以免影响场地地基的稳定性。岩土测试是为地基基础设计提供岩土技术参数，其方法分为室内岩土试验和原位测试，测试项目通常按岩土特性和工程性质确定，室内试验除要求做岩土物理力学性试验外，有时还要模拟深基坑开挖的回弹再压缩试验、斜坡稳定性的抗剪强度试验、振动基础的动力特性试验以及岩土体的岩石抗压强度和抗拉强度等试验。目前在现场直接测试岩土力学参数的方法也很多，有载荷、标准贯入、静力触探、动力触探、十字板剪切、旁压、现场剪切、波速、岩体原位应力、块体基础振动等测试，通称为原位测试。原位测试可以直观地提供地基承载力和变形参数，也可以为岩土工程进行监测或为工程监测与控制提供参数依据。

（六）整理勘察资料和编写报告书

岩土工程勘察成果整理是勘察工作的最后程序，勘察成果是勘察全过程的总结并以报告书形式提出。编写报告书是以调查、勘探、测试等许多原始资料为基础，报告书要作出正确的结论，就必须对这些原始资料进行认真检查、分析研究、归纳整理、去伪存真，使资料得以提炼。编写内容要有重点，要阐明勘察项目来源、目的与要求；拟建工程概述；勘察方法和勘察工作布置；场地岩土工程条件的阐述与评价等；对场地地基的稳定性和适宜性进行综合分析论证，为岩土工程设计提供场地地层结构和地下水空间分布的几何参数，对岩土体工程设计参数的分析与选用，提出地基基础设计方案的建议；预测拟建工程对现有工程的影响，工程建设产生的环境变化以及环境变化对工程产生的影响，为岩土体的整治、改造和利用选择最佳方案，对岩土施工和工程运营期间可能发生的岩土工程问题进行预测和监控，为相应的防治措施和合理的施工方法提出建议。

报告书中还应附有相应的岩土工程图件，常见的有勘探点平面布置图，工程地质柱状图，工程地质剖面图，原位测试图表，室内试验成果图表，岩土利用、整治、改造的设计方案和计算的有关图表以及有关地质现象的素描和照片等。除综合性岩土工程勘察报告外，也可根据任务要求提交单项报告，如岩土工程测试报告，岩土工程检验或监测报告，岩土工程事故调查与分析报告，岩土利用、整治或改造方案报告，专门岩土工程问题的技术咨询报告等。对三级岩土工程的勘察报告书内容可以适当简化，即以图为主，辅以必要的文字说明；对一级岩土工程中的专门性岩土工程问题，尚可提交专门或单项的研究报告和监测报告等。

（七）报告的审查、施工验槽等

自我国开始实行施工图审查制度以来，完成的勘察报告，除应经过本单位严格细致的检查、审核之外，尚应经由施工图审查机构审查合格后方可交付使用，作为设计的依据。项目正式开工后，勘察单位和项目负责人应及时跟踪，对基槽、基础设计与施工等关键环节进行验收，检查基槽岩土条件是否与勘探报告一致，设计使用的地基持力层和承载力与勘探报告是否一致，是否满足设计要求，是否能确保建筑物的安全等。

三、岩土工程勘察的意义及发展

岩土工程勘察是根据建设工程的要求，查明、分析、评价场地建设的地质、环境特征和岩土工程条件，编制勘察文件的活动。勘察专业技术人员应根据拟建场地的区域地质和工程的实际特点，分析场地的岩土层特点、构造条件、水文地质环境等特点，确定合理的勘察设计方案，并选择合理的野外勘察钻探手段、原位测试方法、室内试验成果结合定量与定性分析方法，满足规范要求和工程安全的前提下，给建设者提供最经济的地基基础方案。我国的岩土工程勘察起源于1950年左右，工程建设活动需求较大，勘察工作逐渐被人们了解，到了1990年，我国勘察专业发展日益成熟，国家对工程建设项目的管理愈加严格，对勘察工作的要求也越来越高，并随着计算机的不断发展，使勘察成果的精度和效率得以提高。进入21世纪以来，国家对建设项目的质量和安全不断提高，工程勘察也随之向专业化、标准化、规范化发展，并伴随互联网和大数据技术的发展，工程勘察工作逐步实现信息化、智能化。由于我国幅员辽阔、地形地貌复杂，不同区域的工程项目存在不同种类的勘察技术手段，对此，勘察专业人员应经过综合分析后开展详细勘察的论证工作，针对工程实际的岩土问题制定专项解决方案，提高工程质量和经济效益。

第二节　岩土工程勘察的分级

一、岩土工程的安全等级

根据工程破坏后果的严重性，如危及人的生命、造成的经济损失、产生的社会影响和修复的可能性，岩土工程分为三个等级。

对于房屋建筑物和构筑物而言，属于重要的工业与民用建筑物、20层以上的高层建筑、体形复杂的14层以上的高层建筑、对地基变形有特殊要求的建筑物、单桩承受的荷载在4000kN 以上的建筑物等，其安全等级均划为一级；一般工业与民用建筑划为二级；次要建筑物划为三级。划为一级的其他岩土工程有：有特殊要求的深基开挖及深层支护工程；有强烈地下水运动干扰的大型深基开挖工程；有特殊工艺要求的超精密设备基础、超高压机器基础；大型竖井、巷道、平洞、隧道、地下铁道、地下洞室、地下储库等地下工程；深埋管线、涵道、核废料深埋工程；深沉井、沉箱；大型桥梁、架空索道、高填路堤、高坝等工程。划为二级的其他岩土工程有：大型剧院、体育场、医院、学校、大型饭店等公共建筑；设有特殊要求的公共厂房、纪念性或艺术性建筑物等。不属于一、二级岩土工程的其他工程划为三级岩土工程。

二、场地复杂程度分级

场地条件按其复杂程度分为一级（复杂的）、二级（中等复杂的）、三级（简单的）场地三个级别。

一级场地可按下列条件划定：抗震设防烈度大于或等于9度的强震区，需要详细判定有无大面积地震液化、地表断裂、崩塌错落、地震滑移及产生其他高震害异常的可能性；存在其他强烈动力作用的地区，如泥石流沟谷、雪崩、岩溶、滑坡、潜蚀、冲刷、融冻等地区；地下环境已遭受或可能遭受强烈破坏的场地，如过量地采取地下油、地下气、地下水，而形成大面积地面沉降，地下采空区引起地表塌陷等；大角度顺层倾斜场地、断裂破碎带场地；地形起伏大、地貌单元多的场地。

二级场地可按下列条件划定：抗震设防烈度为7～8度的地区，且需进行小区划的场地；不良动力地质作用一般发育的地区；地质环境已受到或可能受到一般破坏的场地；地形地貌较复杂的场地。

三级场地可按下列条件划定：抗震设防烈度小于或等于6度的场地，或对建筑抗震有利的地段；无不良动力地质作用的场地；地震环境基本未受破坏的场地；地形较平坦、地貌单元单一的场地。

三、地基复杂程度分级

地基条件亦按其复杂程度分为一级（复杂的）、二级（中等复杂的）、三级（简单的）地基三个级别。

一级地基为：岩土类型多，岩土性质变化大，地下水对工程影响大；需特殊处理的地基；极不稳定的特殊性岩土组成的地基，如强烈季节性冻土、强烈湿陷性土、强烈盐渍土、强烈膨胀岩土、严重污染土等。

二级地基为：岩土类型较多，性质变化较大，地下水对工程有不利影响；需进行专门分析研究，可按专门规范或借鉴成功建筑经验的特殊性岩土。

三级地基为：岩土类型单一，性质变化不大或均一，地下水对工程无影响；虽属特殊性岩土，但邻近即有地基资料可利用或借鉴，不需进行地基处理的。

四、岩土工程的勘察等级

勘察等级是工程安全等级、场地等级和地基等级的综合表现，如一级勘察等级，当工程安全等级为一级时，场地等级和地基等级均可任意；还可看出，勘察等级均等于或高于工程安全等级，如二级勘察等级，其工程安全等级可为二级或三级，高于安全等级的原因，则是考虑场地等级或地基等级只要有一个是一级或两者均为二级即可。这些结论正是确定岩土工程勘察等级综合考虑上述三个因素的结果。

对于一级岩土工程勘察，由于结构复杂、荷载大、要求特殊，或具有复杂的场地条件和地基条件，设计计算需采用复杂的计算理论和方法，采用复杂的岩土本构关系，考虑岩土与结构的共同作用，故必须由具有较高水平和较丰富工程经验的工程师参加；岩土工程勘察除进行常规的室内试验外，还要进行专门测试目的的测试项目和方法，以获取非常规的计算参数；为保证工程质量，常采用多种手段进行测试，以便进行综合分析，并进行原型试验和工程监测，以便相互检验。

对于二级岩土工程勘察，其岩土工程为常规结构物，基础为标准型式，故采用常规的设计与施工方法；需要定量的岩土工程勘察，常由具有相当经验和资历的工程师参加，采用常规的室内试验和原位测试方法，即可获得地基的有关指标参数；有时也可能要进行某些特殊的测试项目。

对于三级岩土工程勘察，因结构物为小型的或简单的，或场地稳定，地基具有足够的承载力，故只需通过经验与定性的岩土工程勘察，就能满足设计和施工要求，设计采用简单的计算模式。

第三节　岩土工程勘察阶段

一、选址勘察

选址勘察的目的是得到若干个可选场址方案的勘察资料。其主要任务是对拟选场址的场地稳定性和建筑适宜性作出评价，以便方案设计阶段选出最佳的场址方案。所用的手段主要侧重于搜集和分析已有资料，并在此基础上，对重点工程或关键部位进行现场踏勘，了解场地的地层、岩性、地质结构、地下水及不良地质现象等工程地质条件，对倾向于选取的场地，如果工程地质资料不能满足要求时，可进行工程地质测绘及少量的勘探工作。

二、初步勘察

初勘是在选址勘察的基础上，在初步选定的场地上进行的勘察，其任务是满足初步设计的要求。初步设计内容一般包括：指导思想、建设规模、产品方案、总平面布置、主要建筑物的地基基础方案、对不良地质条件的防治工作方案。初勘阶段也应搜集已有资料，在工程地质测绘与调查的基础上，根据需要和场地条件，进行有关勘探和测试工作，带地形的初步总平面布置图是开展勘察工作的基本条件。

初勘应初步查明：建筑地段的主要地层分布、年代、成因类型、岩性、岩土的物理力学性质，对于复杂场地，因成因类型较多，必要时应作工程地质分区和分带（或分段），以利于设计确定总平面布置；场地不良地质现象的成因、分布范围、性质、发生发展的规律及对工程的危害程度，提出整治措施的建议；地下水类型、埋藏条件、补给径流排泄条件，可能的变化及侵蚀性；场地地震效应及构造断裂对场地稳定性的影响。

三、详细勘察

经过选址和初勘后，场地稳定性问题已解决，为满足初步设计所需的工程地质资料亦已基本查明。详勘的任务是针对具体建筑地段的地质地基问题所进行的勘察，以便为施工图设计阶段和合理地选择施工方法提供依据，为不良地质现象的整治设计提供依据。对工业与民用建筑而言，在本勘察阶段工作进行之前，应有附有坐标及地形等高线的建筑总平面布置图，并标明各建筑物的室内外地坪高程、上部结构特点、基础类型、所拟尺寸、埋置深度、基底荷载、荷载分布、地下设施等。

详勘主要以勘探、室内试验和原位测试为主。

四、施工勘察

施工勘察指的是直接为施工服务的各项勘察工作。它不仅包括施工阶段所进行的勘察工作，也包括在施工完成后可能要进行的勘察工作（如检验地基加固的效果）。但并非所有的工程都要进行施工勘察，仅在下面几种情况下才需进行：对重要建筑的复杂地基，需在开挖基槽后进行验槽；开挖基槽后，地质条件与原勘察报告不符；深基坑施工需进行测试工作；研究地基加固处理方案；地基中溶洞或土洞较发育；施工中出现斜坡失稳，需进行观测及处理。

以上说明了各勘察阶段所要侧重解决的问题，总的来说，场地稳定性是选址阶段所要侧重解决的问题，场地工程地质条件的均匀性是初勘阶段的重点，具体建筑地段的评价和选择施工方法是详勘的重点，后一勘察阶段总是在前面勘察阶段工作的基础上进行的。

第四节 岩土工程勘察的主要工作

一、勘察纲要

勘察纲要是勘察工作的设计书，是开展勘察工作的计划和指导性文件。

在勘察工作开始以前，由设计单位会同建设单位提出勘察任务书，其中应说明工程的意图、设计阶段、要求提出的勘察资料内容，并提供为勘察工作所必需的各种图表资料（场地地形图、建筑物平面布置图、建筑物结构类型与荷载情况表等）。勘察单位即以此为依据，搜集场地范围附近的已有地质、地震、水文、气象以及当地的建筑经验等资料，由该项勘察工作的工程负责人负责编写勘察纲要，经领导审核批准后，进行勘察工作。

勘察纲要的内容取决于设计阶段、工程重要性和场地的地质条件，其基本内容有以下几个方面。

一是工程名称、建设单位及建设地点。

二是勘察阶段及勘察的目的和任务。

三是建筑场地自然条件及其研究程度的简要说明。

四是勘察工作的方法和工作量布置，包括尚需搜集的各种资料文献、工程地质测绘、勘探、原位测试、土和水分析，各种长期观测及需总结的项目的内容、方法、数量，以及对各项工作的要求。

五是资料整理及报告书编写的内容要求。

六是勘察工作进行中可能遇到的问题及采取的相应措施。

七是附件，包括工程地质勘察技术要求表、勘探试验点布置图及勘察工作进度计划表等。

二、工程地质测绘与调查

当地质条件复杂或有特殊要求的工程项目，在选址或初勘阶段，应先进行工程地质测绘与调查，其目的在于查明拟建场地的地形地貌、地层岩性、地质构造、水文地质条件、物理地质现象及工程活动对场地稳定性的影响等，为确定勘探、测试工作及对场地进行工程地质分区与评价提供依据。

测绘范围包括场地内外和研究内容有联系的地段。对工业与民用建筑，测绘范围应包括建筑场地及其邻近地段；对于渠道和各种线路建设，测绘范围应包括线路及轴线（或中线）两侧一定宽度的地带；对于洞室工程，应包括洞室本身、进洞山体及其外围地段。对复杂场地，应考虑不良地质现象可能影响的范围，例如，拟建在靠近斜坡地段的建筑物，测绘范围应包括邻近斜坡可能产生滑坡的影响地带；对于泥石流，不仅要研究与工程建设有关的堆积区，而且要研究补给区（形成区）和通过区的地质条件。

测绘方法常用的有路线穿越法、界线追索法和布点法三种。

路线穿越法是沿着与地层的走向、构造线方向及地貌单元相垂直的方向，穿越测绘场地，详细观察沿线的地质情况，并将观察到的地质情况标示在地形图上。

界线追索法是一种辅助方法，系沿地层走向或某一构造线方向追索，以查明其接触关系。

布点法是在上述方法工作的基础上，对某些具有特殊意义的研究内容布置一定数量的观察点，逐步观察。

上述三种方法都需设立观察点来观察地质现象。因此，确定观察点的位置是个关键，通常将观察点定在不同岩层的接触处，不同地貌单元及微地貌的分界处，地质构造或物理地质现象地段，以及对工程性质有重要意义的地方。

测绘的比例尺：选址阶段应不小于1：50000；初勘阶段可选用1：2000～1：5000；详勘阶段可选用1：500～1：1000。测绘精度：要求地质界线在图上的最大误差不超过5mm；与工程设计有关部位不超过3mm。

三、勘探工作

工程地质测绘只能查明地表出露的现象，对于地下深部的地质情况需靠勘探来解决，但勘探点的布置又需要在测绘的基础上予以确定。通过勘探可查明场地内地层的分布和变化，并鉴别和划分地层；了解基岩的埋藏深度和风化层的厚度；探查岩溶、断裂、破碎带、滑动面的位置和分布范围等。

勘探包括掘探（探井或探槽）、钻探、触探和物探四大类。

（一）掘探

探井常根据开口形状分为圆形、椭圆形、方形和长方形几种，其截面有1m×1m、1m×1.2m和1.5m×1.5m等不同尺寸，挖掘硬土层时用较小的尺寸，松土层时用较大的尺寸，当土层松软易于坍塌时，必须支护井壁，确保施工安全。在挖掘过程中，必须随时记录和描述，并作探井展开图。其内容包括：探井编号、位置、标高、尺寸、深度；井壁加固情况；地下水的初见水位和稳定水位；岩土的名称、颜色、粒度、包含物、湿度、密度和状态；土层厚度及产状。探槽适用于了解地质构造线、断裂破碎带的宽度、地层、岩性分界线、岩脉宽度及其延伸方向等，一般在覆土厚度小于3m时使用。

（二）钻探

在工程地质勘探中，钻探是目前最常用、最广泛、最有效的一种勘探手段。利用钻探设备及工具，在地壳中钻进直径小（如浅孔钻钻孔直径小于325mm）、深度大（浅孔钻深度可达100m），叫作“钻孔”的圆柱形空间，从钻孔中取出岩土试样，以测定岩土物理力学性质指标，鉴别和划分地层。

在掘探和钻探过程中，不仅可取岩芯和地下水试样，进行室内土、水分析试验，还可利用这些坑孔进行原位试验或长期观测，如在孔内做十字板剪切试验或地下水位长期观测，在坑内做载荷试验等。

（三）触探

触探可分为静力触探和动力触探，既是一种勘探方法，也是一种测试手段，它还可以确定地基土的物理力学性质、天然地基和桩基的承载力。

（四）物探

物探是根据各种岩土具有不同的物理性能，对岩土层进行研究，以解决某些地质问题的一种勘探方法，同时，也是一种测试手段。例如，电法勘探是以不同岩土具有不同的电学性质为基础的一种勘探方法；地震勘探则是利用振动方法使地基土产生振动，根据土的振动原理来勘探地基土的物理力学性质。国内目前使用的其他物探方法尚有磁法勘探、孔内无线电波透射法和超声波波速法等。

我国用物探方法在解决下述工程地质问题方面已取得了较好的效果：查明地层界线及其在水平和垂直方向的分布和变化；查明基岩的埋藏深度和风化层的厚度；探查岩溶、断裂破碎带的分布和发展规律；测定地基土的动力特性；查明地下水的水位、流速和流向等。

四、测试工作

测试工作包括室内试验和现场原位试验。前者有室内的土工试验和水分析试验；后者包括载荷试验、十字板剪切试验、大型直剪和水平推剪试验、地基土动力参数测定、桩基承载力测定和抽水试验等。通过测试，为设计和施工提供所需计算指标。

五、长期观测工作

勘察中的长期观测工作主要指建筑物的沉降观测、滑坡的位移观测和地下水的动态观测。这三个问题的研究，往往需要延续较长的时间，不是一般工程勘察周期内能完成的。长期观测所得到符合客观规律的资料，一方面可用于设计和施工，另一方面也可检验一般测试资料及对工程问题的计算和评价的适用性，以便总结经验，不断提高勘察工作水平。

六、岩土工程分析评价与成果报告

岩土工程勘察的成果应编写成一份岩土工程分析评价与成果报告，这是一份十分重要的文件，不仅是全体勘察人员劳动的结晶，同时也对设计、施工、工期、质量和投资起着至关重要的作用。岩土工程分析评价与成果报告常由岩土工程资料、岩土工程资料的评价以及结论和建议三部分组成。

岩土工程资料包括室内试验、野外勘探工作的方法和工作量。

岩土工程资料的评价应评价岩土参数的变异性、可靠性和适用性。对不同测试手段所得的成果应进行比较分析，应指出不合格的、不相关的、不充分的或不准确的数据，凡有矛盾的测试结果均应仔细分析，以便确定是错误的还是反映真实情况的。

结论和建议包括对岩土工程主要问题的评述；地层变化情况以及岩土工程参数的选择；最简便和最廉价的基础方案的建议；对施工时预期可能出现的问题的预防或解决措施的建议。

七、岩土工程勘察中常见问题

虽然我国岩土工程勘察工作经过了几十年的不断发展和完善，一定程度地提高了勘察成果的质量，然而仍有一些勘察单位对质量管理不重视，没有建立系统的质量管理控制和评价方法，如资料收集不完善、准备不充分；勘察设计方案不合理；勘察管理制度不完善；技术人员专业性不强等，严重影响了勘察质量成果。

（一）前期准备不充分

岩土勘察工作主要是针对地下岩土体，过程中存在很多不确定因素。因此，在勘察钻探工作开展前，技术人员如果没有做好充分的准备工作，包括勘察方案制定、仪器设备选型、人员配置等方面，将严重影响后续勘察工作的开展和勘察成果的准确性。部分勘察单位为了经济指标而节约成本，没有充分做好前期准备工作，这不但影响了预期的勘察工期，还会耗费更多的人力、物力，造成更大的经济损失。

（二）勘察方案不合理

勘察方案是保证勘察成果质量的关键。根据实际情况进行科学、规范的勘探点布置，勘探设备和原位测试方法的选择，专项的室内试验分析是勘察方案的关键点。但当前勘察单位资质要求较低，部分勘察单位并未全面了解岩土工程的现场条件，制定的勘察方案较为片面，没有结合所处场地地形地貌特点、周边建筑特点以及工程的具体特点，方案实施的可行性较差，以致无法顺利完成岩土勘察工作，影响最终质量。

（三）勘察制度不完善

科学合理的勘察制度是进行勘察工作的前提，由于勘察工作的特点和复杂的地质条件，勘察管理制度的建设还存在许多问题，如管理制度制定不完善，许多工作形式主义严重，不能充分发挥其应有的作用。勘察管理制度的不完善不仅无法保证勘察成果质量，也增加了勘察过程中的安全隐患，无法有效约束勘察技术人员的工作行为，使得整个勘察工作无序混乱，致力于增加现场勘察速度，忽略了勘察钻探质量，甚至引发工程事故。即便部分单位已经设立了勘察管理条例，但执行效果较差，依然无法起到预期作用。

（四）勘察技术方法单一

“工欲善其事，必先利其器。”先进的勘察设备是勘察数据成果准确的重要保证之一。我国工程勘察技术水平与发达国家相比仍相对落后，在复杂的地质环境中，许多勘察设备不能满足勘察项目的具体要求。自主研发的设备在功能和效率上普遍低于发达国家，某些先进的勘察设备仍需要进口，这大大增加了勘察项目的成本。实际工作中，部分勘察单位依然采用传统的勘察技术，缺乏多样性，无法满足信息化和数字化勘察要求，不能获得预期的勘察效果，一旦缺乏先进的勘察手段，技术人员就无法准确分析场地岩土体的情况，不能为工程建设提供可靠的信息支持。

（五）勘察技术人员专业性较差

勘察人员的综合素质直接影响着岩土勘察工作的质量，我国岩土工程勘察专业的技术人才存在严重紧缺的问题，许多勘察单位为了降低人力资源成本，没有注重人才选拔工作，没有引进专业技术人员进行岩土勘察工作。这些非专业人员无法满足岩土工程勘察工作的技术要求、不能灵活使用勘察软件、没有了解先进的勘察技术，以至于无法准确分析勘察数据，不能详尽掌握场地的工程地质特点，影响了岩土勘察工作的开展。同时，我国高校没有针对勘察工作设定专业学习科目，忽视了学生岩土勘察实践能力的培养；勘察单位也没有注重技术人员的培训工作，致使勘察技术人员无法全面掌握先进的勘察知识，缺乏现场工作经验，最终影响勘察成果质量。

八、岩土工程勘察问题的解决对策

（一）做好前期准备工作

勘察钻探工作开始前，勘察单位应充分做好工程场地的野外踏勘工作，充分收集区域地质资料，为钻探工作做好前期准备，包括勘察钻探设备、勘察资料、勘察技术人员等方面，为整个勘察工作的顺利进行打下良好的基础。首先，准备勘察资料，勘察单位应结合勘察现场的实际情况，全面收集分析岩土工程勘察所需的资料数据，整理归纳后分析制定勘察方案，如有发现资料与勘察现场存在差异，应综合判断、及时调整优化，保证数据的准确性与完整性，为制定科学合理的勘察方案提供参考依据。其次，对于勘察作业中的特种作业人员，单位应严格检查其是否具备特种作业证书，以保证勘察工作的规范运行，降低风险概率。最后，应准备充足的勘察设备，勘察单位应根据拟建建筑特点与性质，租赁或购买准确、高效、便捷的勘察仪器，并做好验收工作，保证勘察性能，以高效应用至实际勘察中。

（二）制定科学的勘察方案

勘察方案是勘察工作的指导性文件，也是保证勘察进度和成果的基石，对此，勘察单位应在现场踏勘后，充分考虑拟建工程的技术要求、过程规模、工期等因素，全面分析工程所在地的区域地质、构造特点、地形地貌、周边的岩土层特点、水文地质环境等因素，综合制定可行性与科学性的勘察方案，合理配备勘察人员、钻探设备以及适合的岩土试验方法，以保证勘察质量与勘察进度和效率，在规范和工期的要求下，获取最大的勘察效益。由于现场的勘探工作存在很多不确定性，科学的勘察方案有利于避免勘察过程中的质量事故，勘察技术人员应严格遵守勘察方案的规定，并根据现场的实际情况，对突发状况及时调整，保证勘察工作的有序进行。确定勘察技术方案后，还应邀请勘察单位技术总工进行审核审定、专业论证，明确勘察要点和关键施工技术，存在不足及时调整，并对现场技术人员完成技术交底工作，为各方人员详细讲解岩土勘察的流程、技术要点、关键工序、重难点因素等内容，从而保证全体成员规范进行勘察工作。

（三）建立完善的勘察制度

随着经济的不断发展，各项制度的不断健全。岩土工程勘察是传统的土木行业，相关的勘察设备更新也较为缓慢，涉及的范围广、内容多，学科专业体制不完善，导致勘察工作和成果质量的风险大大增加。勘察单位需根据市场要求和行业特点，结合自身实际情况构建完善的勘察管理和监督制度，将各个环节进行精细化划分，做好科学的管理工作，严格落实终身责任制度。勘察单位还应加强员工的技术培训工作，完善技术人员的知识体系，用典型的实际案例分析来让技术人员规避和解决现场发生的问题，并保证每位勘察人员均遵循制度执行勘察方案，增强勘察技术人员的责任意识，避免发生违规操作问题，降低事故人为因素发生的概率，保证勘察工作的有序进行。强化勘察监督力度，设立完善的监督流程，并做好勘察进度的检查工作，提高勘察工作的规范性与科学性。

（四）引入先进的勘察技术

随着我国国力的不断增强，与发达国家的技术交流也愈加频繁，岩土勘察工作出现较多先进技术，传统的勘察方法已经无法适应复杂的工程的技术要求。对此，勘察单位应明确实际勘察环境，引入新型勘察方式与勘察技术，并结合互联网、大数据的信息化技术，充分发挥计算机在勘察工作的优势。BIM技术的发展已经延伸到岩土工程勘察领域，通过三维可视化、信息关联性、信息互通性，全方位地展现工程勘察的作业成果，也可结合整个区域的勘察成果，综合分析区域地质构造情况、土层分布规律、水利联系特点等，能够直观地展现地质环境，便于工程技术人员相互交流，同时，在创建地质模型时，能够赋予地质要素相关属性，极大地降低了重复信息和错误信息带来的安全质量隐患，增加勘察信息的整体性和相关性，加快勘察工作的信息化、智能化发展，进而全面控制岩土勘察过程，保证勘察质量。

（五）提升勘察人员综合素质

勘察人员的专业技术素养是保证勘察成果质量的根本，勘察单位应充分认识到人才培养的重要性，结合实际勘察需求，全面提高勘察人员的综合素质。勘察单位应在内部设立技术交流平台，安排培训课程，加强勘察人员的沟通与交流力度，学习典型工程的经验案例，了解工程实践中的常见问题和防治措施，综合考察技术人员的理论知识、实践技能、工作经验等因素，选拔专业技术水平较高的勘察人员，组建高水平团队，并建议采用“传帮带”的形式来培养新入职的员工。同时，应加强与高校的合作力度，加强行业的发展方向与高校的学科设置相结合，以掌握前沿的行业动态，培养出更多的复合型专业人才。

第六章　岩土体工程特性

第一节　工程土体主要设计参数

一、土体的强度参数

土体的强度是指土的抗剪强度，土的抗剪强度参数包括黏聚力C和内摩擦角φ，则土的抗剪强度可用库仑定律表示：

$$\tau_f = C + \sigma \tan\varphi \tag{6-1}$$

式中：σ——某截面上的正应力，kPa；τ_f——该截面上的抗剪强度，kPa。

土的抗剪强度参数是进行地基承载力计算、边坡稳定分析、挡土结构、上土压力计算、基坑支护设计、地基稳定评价中的重要因素。此参数可用直剪实验和三轴剪切实验等得到，在三轴实验中可分为不固结不排水、固结不排水、固结排水三种情况。

土的抗剪强度参数有总应力（孔隙水压力和有效应力之和）状态和有效应力状态两种情况，孔隙水压力对抗剪强度没有贡献，土的抗剪强度是指有效应力状态下的抗剪强度。

判断某点指定倾斜方向截面是否达到抗剪破坏，要将该截面的剪应力与该截面的抗剪强度对比，如果剪应力比抗剪强度大就稳定，如果抗剪强度比剪应力大就破坏。

判断土体中指定某位置的稳定状态，需要将该位置各个方向截面的剪应力与该方向的抗剪强度进行比较。该位置各个方向截面的应力状态可用莫尔圆圆周上的点的坐标表示，即将莫尔圆与抗剪强度曲线放在一个坐标系，看二者的位置关系，如果莫尔圆与直线相切，莫尔圆切点方向的截面达到了临界状态，虽然其他方向没有达到极限抗剪强度，但指定某位置是处于临界状态；如果莫尔圆与直线相割，莫尔圆割线以上方向的截面处于已破坏状态，虽然割线以下方向没有达到极限抗剪强度，但指定位置已处于破坏状态；如果莫尔圆与直线相离，莫尔圆上所有点都在抗剪强度下方，莫尔圆上各个方向的截面都处于稳定状态，则指定位置处于稳定状态。

土的抗剪强度参数不仅随剪切条件的不同而不同，而且还受土的各向异性、应力历史、蠕变、温度等因素的影响，实际工程问题的情况千差万别。即使同一种土样，其强度指标大小与实验方法和实验条件也有关系。

二、土体的压缩性参数

在荷载作用下，建筑物的总沉降由三部分组成：瞬时沉降、主固结沉降和次固结沉降。对于一般工程，常用室内侧限压缩实验得到的指标来计算。

（一）压缩曲线和压缩性指标

压缩实验结果绘制的有关于孔隙比e和压力p曲线的$e-p$和$e-\lg p$曲线，都被称为压缩曲线。

对于e–p曲线上两点（p_1，e_1）和（p_2，e_2），压缩系数为：

$$a=\frac{e_1-e_2}{p_2-p_1} \tag{6-2}$$

式中：e——孔隙比；p——上覆土层自重。

不同区段a的取值不是相等的。工程实际中，p_1取上覆土层自重；p_2取上覆土层自重p_1和建筑物产生的附加压力之和Δp。作为评价土的压缩性指标，规定$p_1=100$kPa，$p_2=200$kPa时的压缩系数a_{1-2}作为评价土体压缩性高低的指标。

（二）固结系数C_v

固结系数是表征土体固结速率的一个特征系数，其表达式为：

$$C_v=\frac{k\left(1+e\right)}{\alpha\gamma_w} \tag{6-3}$$

式中：k——土的渗透系数，cm/s；γ_w——水的重度，kN/m^3；α——土的压缩系数，kPa^{-1}。

C_v的单位一般为cm^2/s，土的渗透系数越小，C_v值越小。该指标可根据压缩实验结果推算，常用的方法有时间对数法和时间平方根法。

三、土体的渗透性参数

土体的渗透性是指土体的透水性能，是决定地基沉降与时间关系的关键因素。常用的参数是渗透系数k。可通过室内渗透实验、现场抽水或注水实验来测试。

四、影响土的工程性质的主要因素

土体可作为建筑物（构筑物）的地基，边坡和隧道的组成材料、结构和赋存环境，土体是与工程建筑的稳定、变形有关的土层的组合体。影响土的工程性质的因素主要有以下几种。

（一）土的矿物成分

土的矿物成分是组成土的材料，尤其对于细粒土体，对其工程地质性质起控制作用的是黏土矿物和可溶盐、有机质等的类型和含量以及微结构特征。可溶盐对土的工程性质影响的实质是，溶解后使土的粒间连接减弱，增大土的孔隙性，降低土的强度和稳定性，增大其压缩性。

（二）土的粒度组成和密实度

土中固体颗粒的大小和级配情况直接影响土的强度、压缩性和渗透性。特别是无黏性土，固体颗粒的形状、颗粒级配直接影响土体的强度。土体越密实，其抗剪强度越高、渗透性越低、压缩性越低。

（三）黏性土的稠度

稠度是指黏性土的软硬程度。用液性指数来表示，稠度状态可分为流体状、塑体状和固体状。土的液性指数越大，土体越软，越接近于流动状态；液性指数越小，土体越硬。黏性土的稠度直接影响土的抗剪强度和压缩性能。

（四）黏性土的结构性

天然状态下的黏性土，由于地质历史作用常具有一定的结构性。当土体受到外力扰动作用，其结构遭受破坏时，土的强度降低，压缩性增高。工程上常用灵敏度来衡量黏性土结构性对强度的影响。土的灵敏度越高，其结构性越强，受扰动后土的强度降低就越明显。

（五）应力历史

土体在历史上曾受过的应力状态，指土层在地质历史发展过程中所形成的先期应力状态以及这个状态对土层强度与变形的影响。这个曾经承受过的最大固结压力，称为先期固结压力。超固结土和正常固结土的工程性质相比，孔隙性、密实度和抗剪强度以及所受应力状态等有差异。

第二节　工程岩体主要设计参数

岩石是由矿物或碎屑按照一定规律聚集而成的自然体，是不包含显著弱面的岩石块体，通常把它作为连续介质及均质体来看待。岩体是工程作用范围内具有一定岩石成分、结构特征及赋存于某种地质环境中的地质体。

岩石与天然岩体有显著不同，主要表现在岩体赋存于一定地质环境之中，地应力、地温、地下水等因素对其物理力学性质有很大影响，而岩石试件只是为实验室实验而加工的岩块，已完全脱离了原有的地质环境。

岩体在自然状态下经历了漫长的地质作用过程，其中存在各种地质构造和弱面，如不整合、褶皱、断层、节理、裂隙等。岩体在内部黏结力较弱的地质构造和弱面切割下，具有明显的不连续性，使岩体强度远远低于岩石强度，岩体变形远远大于岩石本身，岩体的渗透性远远大于岩石的渗透性。

岩石常用均匀、连续、各向同性模型来研究。岩体因为结构面的存在，力学特征表现为不连续、各向异性、不均匀性、岩块单元的可移动性等。

岩土体绝大多数是承受压应力，对岩土体进行力学分析时常对其应力的符号作如下规定：正应力以压应力为正，拉应力为负；剪应力以使单元体逆时针转为正，顺时针为负；夹角从起始截面法线起转到终止截面的法线，逆时针方向转动转度为正，反之则为负。

一、一点的应力状态

一点的应力状态是过该点随截面方位改变而变化的应力总体，讨论一点截面方位改变引起的应力变化趋势叫应力状态分析。

二、岩石的抗剪强度参数

岩石的强度参数包括岩石的抗剪强度、抗拉强度、抗压强度参数。岩石的破坏机理有断裂破坏：单轴拉断、劈裂（由拉应力、拉应变引起）；剪切破坏；塑性流动；剪断（由剪应力引起）。

最大正应变理论认为物体发生破坏的原因是最大延伸应变达到了一定的极限应变，如脆性岩石的单轴压缩破坏；最大拉应力理论认为岩石被破坏的原因是危险点的最大拉应力达到了共同的极限值，如脆性岩石的单轴拉伸破坏；应变理论适用于以延性为主的岩石；

莫尔强度理论认为岩石材料属压剪破坏，破坏面上的剪应力超过了该面上的抗剪强度；格里菲斯理论适用于脆性岩石，认为岩石内部的应力状态使其产生裂纹的扩展、连接、贯通等，最终引起破坏。各种强度理论都有一定的适用范围，破坏判据的建立与采用，要反映岩石的破坏机制。

莫尔强度理论是岩体破坏常用的理论，该强度曲线为一系列极限莫尔圆的包络线，莫尔圆与强度曲线相切，由实验拟合获得。剪切强度与剪切面上正应力的函数形式有多种型式，如直线型、二次抛物线型，双曲线型等。当应力范围较小时，可近似用直线表示，抗剪强度用库仑定律表示：

$$\tau_f = C + \sigma \tan\varphi \tag{6-4}$$

式中：σ——岩石某截面上的正应力，kPa；τ_f——岩石该截面上的抗剪强度，kPa；C——岩石的黏聚力，kPa；φ——岩石的内摩擦角，（°）。

岩石的黏聚力C和内摩擦角φ为岩石的抗剪强度参数。根据岩石应力状态的莫尔圆与抗剪强度曲线的关系，可以判断岩石的稳定状态。如果莫尔圆与直线相切，岩石处于临界状态；如果莫尔圆与直线相割，岩石处于已破坏状态；如果莫尔圆与直线相离，岩石处于稳定状态。

三、结构面的抗剪强度参数

岩体是在内部被联结力较弱的地质构造和弱面切割，具有明显的不连续性，因此岩体强度远远低于岩石强度，岩体变形远远大于岩石本身。

岩体内所有不连续面被称为结构面。结构面的抗剪强度用库仑定律表示：

$$\tau_f = C_j + \sigma \tan\varphi_j \tag{6-5}$$

式中：σ——结构面上的正应力，kPa；τ_f——结构面上的抗剪强度，kPa；C_j——结构面的黏聚力，kPa；φ_j——结构面的内摩擦角，（°）。

在τ_f—σ坐标系里，土的抗剪强度线有两条，对称地分布在横坐标的上下两边。

结构面的黏聚力C_j和内摩擦角φ_j为结构面的抗剪强度参数。影响结构面的抗剪强度参数主要有作用在结构面上的应力大小、结构面内充水程度、无充填接触面的粗糙程度、有充填结构面充填物的物质成分、结构及充填程度和厚度等，结构面的抗剪强度参数比岩石的抗剪强度参数低得多。

四、岩体其他设计参数

（一）岩石与岩体单轴抗压强度

岩石试件在单轴压力作用下所能承受的最大压力叫岩石单轴抗压强度，可利用标准试件在室内测定。

$$\sigma_c = \frac{P}{A} \tag{6-6}$$

式中：P——达到破坏时的最大轴向压力，kPa；A——试件的横截面积，m^2。

岩体单轴抗压强度可通过现场测定，也可采用经验估算法得到。岩石试件的强度σ_c，大于岩体的强度R_c，经验估算法是用简单的试验指标来修正岩块强度的估算值。

$$R_C = \beta\sigma_C \tag{6-7}$$

式中：β——岩体完整系数。

（二）岩石三轴抗压强度

岩石试件在围压作用下所能承受的最大轴向压力叫岩石三轴抗压强度。室内一般采用常规三轴压缩试验，其在低围压下，受围压和轴压关系是线性的。岩石三轴压缩试验常用来测定岩石抗剪强度参数，所以又叫三轴剪切试验。

第三节　岩体的原始地应力测定

一、概述

岩体初始应力为天然状态下岩体内的应力，是人类工程活动之前就存在于岩体中的应力，又称地应力、原岩应力。初始应力主要组成部分是自重应力和构造应力，还包括渗流应力、温差应力及化学应力等几部分。

构造应力是地壳中长期存在，促使构造运动发生和发展的内在力量，除构造活动区外，它是构造运动中积累或剩余的一种分布力。

迄今为止，对原岩应力还无法进行较完善的理论计算，而只能依靠实际测量来测定岩体中初始应力状态。

岩体初始应力是工程稳定性分析的原始参数，是确定开挖方案与支护设计的必要参数，主要表现出以下特点。

（一）区域稳定

任何地区现代构造运动的性质和强度，取决于该地区岩体的天然应力状态和岩体的力学性质。地震是各类现代构造运动引起的重要地质灾害，是岩体中应力超过岩体强度而引起的断裂破坏的一种表现。一定的天然应力场基础上，常因修建大型水库改变了地区的天然应力场而引起水库诱发地震。

（二）地下硐室稳定

对于地下硐室而言，岩体中天然应力是围岩变形和破坏的力源。如果天然应力分布不均匀，可能在硐顶拉裂掉块，硐侧壁内鼓张裂和倒塌。

（三）边坡稳定

天然应力状态与岩体稳定性关系极大，它不仅是决定岩体稳定性的重要因素，而且直接影响各类岩体工程的设计和施工。在岩体高应力区，地表和地下工程施工期间所进行的岩体开挖，常常能在岩体中引起一系列与开挖卸荷回弹和应力释放相联系的变形和破坏现象，使工程岩体失稳。

（四）地基岩体稳定

开挖基坑或边坡，由于开挖卸荷作用，将引起基坑底部发生回弹隆起，并同时引起坑壁或边坡岩体向坑内发生位移。

二、应力解除法

地下某点的岩体处于三向受力状态，用人为的方法解除其应力，则岩体必然发生弹性恢复，测定其恢复的应变或变形，利用弹性力学公式则可算出岩体初始应力。通常有孔底应力解除法、孔径变形法和孔壁应变法三种方法。

（一）孔底应力解除法

孔底应力解除法是打孔至测试点，将孔底磨平，在孔底粘贴电阻应变花探头，然后继续在孔周围打钻，则孔底就实现解除应力，通过测量其应变恢复的数值，根据弹性力学原理计算岩体的初始应力。

为计算方便，常把三个应变片布置成等角应变花、直角应变花。

测定岩体应力的步骤：打大孔至测点，磨平孔底；在孔底粘贴电阻应变花探头；解除应力，测量其应变；取出岩芯，测其弹性参数；计算岩体应力。

（二）孔径变形法

孔径变形法是套孔应力解除法的一种，是通过测定钻孔孔径变形求解岩体应力，步骤如下：打大孔至测点，磨平孔底；打同心小孔，安装孔径变形计探头；延伸大钻孔解除应力，同时测量孔径变形；取出岩芯，测其弹性参数；计算岩体应力。

（三）孔壁应变法

孔壁应变法是通过测定钻孔孔壁的应变求解岩体应力的6个分量，其应力解除工序与孔径变形法相似，不同的是在同心小孔中，安装的是应变花探头，应力解除后，测量孔壁应变量进行计算岩体应力。

孔壁布置三个应变花，每个应变花至少由三个应变片组成，所以求解六个原岩应力分量，只需打一个钻孔就可以确定该点面的应力状态。

三、水压致裂法

水压致裂法基本原理是对所需测试段的钻孔部分用特制封隔器密封起来，然后对密封段加高压水直至孔壁岩石产生张裂隙。根据裂隙的方向及泵压的大小分析确定原岩的应力状态，适用于完整性好的脆性岩体。

测试岩体初始地应力时，打的是竖直钻孔，一个主应力方向是垂直的，其大小等于上覆岩层的自重应力；而另外两个主应力是水平的，即钻孔方向为某一主应力方向。

四、应力恢复法

（一）基本原理

应力恢复法是用来直接测定岩体应力大小的一种测试方法，假设所测试岩体符合弹性理论。目前此法仅用于岩体表层应力。当已知某岩体中的主应力方向时，采用本法比较方便。

当硐室某侧墙上的表层围岩应力的主应力σ_1，σ_2方向各为垂直、水平方向时，就可用应力恢复法测得σ_1的大小。

（二）测试步骤

在选定的试验点上，沿解除槽的中垂线上安装好量测元件，记录量测元件——应变计的读数。开凿解除凿，岩体产生变形并记录应变计上的读数。

在开挖好的解除凿中埋设压力枕，并用水泥砂浆充填空隙；待充填水泥浆达到一定强度后，将压力枕连接油泵，通过压力枕对岩体施压。随着压力枕所施加的力p的增加，岩体变形逐渐恢复，逐点记录压力p与恢复变形的关系。

假设岩体为理想弹性体，则当应变计恢复到初始读数时，此时压力枕对岩体所施加的压力p即为所求岩体的主应力。

五、声发射法

材料受外荷载作用，其内部储存的应变能因微裂隙产生和发展而快速释放，从而产生弹性波，发出声响，这种现象被称为声发射。

1950年，德国人凯泽（J.Kasiser）发现多晶金属的应力从其历史最高点水平释放后，再重新加载，当应力未达到先前最大应力值时很少有声发射产生，而当应力达到和超过历史最高水平后则大量产生声发射，这一现象被称为凯泽效应。从很少产生声发射到大量产生声发射的转折点被称为凯泽点，该点对应的应力即为材料先前受到的最大应力。

许多人通过实验证明，许多岩石如花岗岩、大理岩、石英岩、砂岩、安山岩、辉长岩、闪长岩、片麻岩、辉绿岩、灰岩、砾岩等也具有显著的凯泽效应。

凯泽效应为测量岩石应力提供了一个途径。通过对岩石试件进行加载声发射试验，测定凯泽点，即可找出试件以前所受最大应力。即从原岩中取样，沿六个不同方向制备试件（每个方向试件为15～25块）。加压测试凯泽点，从而得到原始的应力。

根据凯泽效应的定义，用声发射法测得的取样点的应力是历史的最高应力，而非现今的应力。但也有人对此持相反意见，并提出了“视凯泽效应”的概念，认为声发射可获得两个凯泽点：一个对应于引起岩石饱和残余应变的应力，与现今应力场一致，比历史最高应力值低，因此被称为“视凯泽点”；在“视凯泽点”之后，还可获得另一个真正的凯泽点，它对应历史最高应力。

由于声发射与弹性波传播有关，所以高强度的脆性岩石有较明显的声发射凯泽效应出现，而多孔隙低强度及塑性岩体的凯泽效应不明显，所以不能用声发射波测定比较软弱疏松岩体中的应力。

第四节　土的工程分类

一、概述

土的工程分类目的在于认识和识别土的种类，对种类繁多、性质各异的土，按一定原则进行分门别类，并针对不同类型的土进行研究和评价，使其适应和满足工程建设需要，为合理利用和改造各类土提供客观实际的依据，也是国内外科技交流的需要。土的工程分类是一切岩土工程的最基本的技术资料，它涉及面广、影响面大，关系到对土性状的评价和土料的取舍，对工程的经济效益和社会效益有重要的影响。

不同工程领域的规范对土的分类有所不同，我国土的分类体系大致有三大类。

第一类是以《土的工程分类标准》（GB/T 50145—2007）以及《公路土工试验规程》（JTG 3430—2020）为代表的分类方法。它们对土分类的共同点是，粗粒土按粒度成分分类，细粒土是按塑性图分类。

第二类是以目前我国工程建设中应用最广泛的《岩土工程勘察规范》（GB 50021—2001）（2009年版）以及《建筑地基基础设计规范》（GB 50007—2011）为代表的分类方法。它们分类的共同点是粗粒土按粒度成分分类，细粒土按塑性指数分类。

第三类是《铁路工程岩土分类标准》（TB 10077—2019）的分类方法。它的分类特点是粗粒土的分类与第二类土相似，但细粒土分类则是按第一类方法使用塑性图。

二、《土的工程分类标准》（GB/T 50145—2007）中土的工程分类方法

（一）分类方法

《土的工程分类标准》（GB/T 50145—2007）中，土的分类应根据以下指标确定：土颗粒组成及其特征；土的塑性指标——液限、塑限和塑性指数；土中有机质含量。

（二）巨粒类土

巨粒含量大于75%的土为巨粒土[漂石（块石）、卵石（碎石）]；巨粒含量小于75%、大于50%的为混合巨粒土[混合土漂石（块石）、混合土卵石（块石）]；巨粒含量

小于50%、大于15%的为巨粒混合土[漂石（块石）混合土、卵石（块石）混合土]。

试样中巨粒含量不大于15%时，可扣除巨粒，按粗粒类土或细粒类土的相应规定分类；当巨粒对土的总体性状有影响时，可将巨粒计入砾粒组进行分类。

（三）粗粒类土

试样中粗粒组含量大于50%的土被称为粗粒类土，其中砾粒组含量大于砂粒组含量的土被称为砾类土；砾粒组含量不大于砂粒组含量的土被称为砂类土。

砾类土中，细粒含量小于5%的被称为砾（级配良好砾、级配不好砾）；细粒含量大于或等于5%、小于15%的被称为含细粒土砾；细粒含量大于或等于15%、小于50%的被称为细粒土质砾（黏土质砾、粉土质砾）。

砂类土中，细粒含量小于5%的被称为砂（级配良好砂、级配不好砂）；细粒含量大于或等于5%、小于15%的被称为含细粒土砂；细粒含量大于或等于15%、小于50%的被称为细粒土质砂（黏土质砂、粉土质砂）。

（四）细粒类土

试样中细粒组含量不小于50%的土被称为细粒类土，其中粗粒组含量不大于25%的土被称为细粒土；粗粒组含量大于25%且不大于50%的土被称为含粗粒的细粒土；有机质含量小于10%且不小于5%的土被称为有机质土。

三、《岩土工程勘察规范》（GB 50021—2001）（2009年版）中土的工程分类方法

《岩土工程勘察规范》（GB 50021—2001）（2009年版）对土进行如下分类。

（一）按地质成因分类

晚更新世Q_3及其以前沉积的土，被定为老沉积土；第四纪全新世中近期沉积的土，被定为新近沉积土。根据地质成因，土可被划分为残积土、坡积土、洪积土、冲击土、淤积土、冰积土和风积土等。

土根据有机质含量W_u的分类如下。

第一，有机质含量W_u小于5%，被称为无机土。

第二，W_u大于或等于5%、小于或等于10%的，被称为有机质土，现场特征为深灰色，有光泽、味臭，除腐殖质外尚含少量未完全分解的动植物物体，浸水后水面出现气泡，干燥后体积收缩。当土的含水量$\omega>\omega_1$、孔隙比$e\geqslant1.5$时被称为淤泥；$\omega>\omega_1$，孔隙比$1.0\leqslant e<1.5$时被称为淤泥质土。

第三，W_u大于10%、小于或等于60%的，被称为泥炭质土，现场特征为深灰或黑色，有腥臭味，能看到未完全分解的植物结构，浸水体胀，易崩解，有植物残渣浮于水中，干缩现象明显。W_u大于10%、小于或等于25%的被称为弱泥炭质土；W_u大于25%、小于或等于40%的被称为中泥炭质土；W_u大于40%、小于或等于60%的被称为强泥炭质土。

W_u大于60%的，被称为泥炭，现场特征为除有泥炭质土特征外，结构松散，土质很轻，暗无光泽，干缩现象极为明显。

（二）按粒径分类

粒径大于2mm的颗粒质量超过总质量50%的土，被定为碎石土，其中粒径大于200mm的颗粒质量超过总质量50%的为漂石（块石）；粒径大于20mm的颗粒质量超过总质量50%的为卵石（碎石）；粒径大于2mm的颗粒质量超过总质量50%的为圆砾（角砾）。

粒径大于2mm的颗粒质量不超过总质量50%的，粒径大于0.075mm的颗粒质量超过总质量50%的土，被定名为砂土。砂土分类见表6–1。

表6–1　砂土分类

土的名称	颗粒级配
砾砂	粒径大于2mm的颗粒质量占总质量25%～50%
粗砂	粒径大于0.5mm的颗粒质量占总质量50%
中砂	粒径大于0.25mm的颗粒质量占总质量50%
细砂	粒径大于0.075mm的颗粒质量占总质量85%
粉砂	粒径大于0.075mm的颗粒质量占总质量50%

注：定名时应根据颗粒级配由大到小以最先符合者确定。

（三）按塑性指标分类

粒径大于0.075mm 的颗粒质量不超过总质量50%，且塑性指数等于或小于10的土，被定名为粉土。

塑性指数大于10的土，被定名为黏性土。其中塑性指数大于10，且小于或等于17的土，被定名为粉质黏土；塑性指数大于17的土被定名为黏土。塑性指数由质量76g的液限仪锥尖入土深度10mm对应的含水量为液限计算而得。

四、《铁路工程岩土分类标准》（TB 10077—2019）中土的分类方法

（一）一般规定

《铁路工程岩土分类标准》（TB 10077—2019）中土的分类方法的一般规定。

第一，根据土的工程地质性质，土可分为一般土和特殊土两大类。根据土中特殊物的含量、结构特征和特殊的工程地质性质等因素，可将特殊土划分为黄土、红黏土、膨胀土、软土、盐渍土、多年冻土、填土等。

第二，土也可按堆积时代、地质成因、颗粒的形状、级配或塑性指数等进行分类。

按堆积时代划分，Q_3 及其以前沉积的土层为老堆积土；文化期以前的 Q_4^1 堆积土层为一般堆积土；文化期以来的 Q_4^2 堆积土层为新近堆积土。根据地质成因，土可被划分为残积土、坡积土、洪积土、冲积土、海积土、湖积土、淤积土、冰积土和风积土等。

第三，根据土的颗粒的形状、级配或塑性指数，一般土可被划分为碎石类土、砂类土、粉土和黏性土。

第四，由坡积、洪积、冰水沉积形成的，颗粒级配不连续，粗细颗粒混杂的土，应被判定为“混合土”，土名称为在主要土名前冠以主要含有物的名称。

（二）一般土的分类

土的颗粒分组应符合的规定见表6-2。

表6-2　土的颗粒分组

颗粒名称		粒径d/mm
漂石（浑圆、圆棱）或块石（尖棱）	大	$d>800$
	中	$400<d\leq800$
	小	$200<d\leq400$
卵石（浑圆、圆棱）或碎石（尖棱）	大	$100<d\leq200$
	小	$60<d\leq100$
颗粒名称		粒径d/mm
粗圆砾（浑圆、圆棱）或粗角砾（尖棱）	大	$40<d\leq60$
	小	$20<d\leq40$

续表

颗粒名称		粒径d/mm
粗圆砾（浑圆、圆棱）或粗角砾（尖棱）	大	$10<d\leq 20$
	中	$5<d\leq 810$
	小	$2<d\leq 5$
砂粒	粗	$0.5<d\leq 2$
	中	$0.25<d\leq 0.5$
	细	$0.075<d\leq 0.2$
粉粒		$0.005<d\leq 0.075$
黏粒		$d<0.005$

碎石类土根据土颗粒的形状和级配的划分，应符合的规定见表6–3。

表6–3　碎石类土的划分

土的名称	颗粒形状	土的颗粒级配
漂石土	浑圆或圆棱状为主	粒径大于200mm的颗粒超过总质量的50%
块石土	尖棱状为主	
卵石土	浑圆或圆棱状为主	粒径大于60mm的颗粒超过总质量的50%
碎石土	尖棱状为主	
粗圆砾土	浑圆或圆棱状为主	粒径大于20mm的颗粒超过总质量的50%
粗角砾土	尖棱状为主	
细圆砾土	浑圆或圆棱状为主	粒径大于2mm的颗粒超过总质量的50%
细角砾土	尖棱状为主	

注：定名时应根据粒径分组，由大到小以最先符合者确定。

砂土、粉土及粉质黏土的定名与《岩土工程勘察规范》（GB 50021—2001）（2009年版）相同。但液限含水率试验采用圆锥仪法，圆锥仪总质量为76g，锥尖入土深度10mm；塑限含水率试验采用搓条法。

（三）路基填料分组

一般土作为路基填料时，可按土颗粒的粒径大小分为巨粒土、砂类土和细粒土。巨粒土、粗粒土填料应根据颗粒组成、颗粒形状、细粒含量、颗粒级配、抗风化能力等进行分组。

细粒土填料根据土的塑性指数I_p和液限含水率ωL被分为粉土、黏性土和有机土（有机质含量大于5%），黏性土又被分为粉质黏土和黏土。无机土的二级定名按塑性指数划分，被分为低液限粉土、高液限粉土、低液限粉质黏土、高液限粉质黏土、低液限黏土、高液限黏土。液限含水率试验采用圆锥仪法，圆锥仪总质量为76g，入土深度10mm。

（四）岩土施工工程分级

《铁路工程地质勘察规范》（TB 10012—2019）将岩土施工工程中的土分级为三类土。

（1）Ⅰ类土——松土，主要包括砂类土、种植土、未经压实的填土。用铁锹挖，脚蹬一下到底的松散土层，机械能全部直接铲挖，普通装载机可满载。

（2）Ⅱ类土——普通土，主要包括硬塑、软塑的粉质黏土，硬塑、软塑的黏土，膨胀土，粉土，Q_3、Q_4黄土，稍密、中密的细角砾土、细圆砾土，松散的粗角砾土、碎石土、粗圆砾土、卵石土，压密的填土，风积沙。部分用镐刨松，再用锹挖，脚连蹬数次才能挖动。挖掘机、带齿尖口装载机可满载，普通装载机可直接铲挖，但不能满载。

（3）Ⅲ类土——硬土，主要包括坚硬的黏性土、膨胀土，Q_1、Q_2黄土，稍密、中密粗角砾土、碎石土、粗圆砾土、卵石土，密实的细圆砾土、细角砾土，各种风化成土状的岩石。必须先用镐全部刨过才能用锹挖，挖掘机、带齿尖口装载机不能满载；大部分采用松土器松动方能铲挖装载。

第五节　岩体工程分类

根据岩体的地质特征和力学性质，可以把自然界的岩体按照工程建筑的需要归并为若干类别。通过分类，概括地反映各类工程岩体的质量好坏，预测可能出现的岩体力学问题。为工程设计、支护衬砌、建筑物选型和施工方法选择等提供参数和依据；为岩石工程建设的勘察、设计、施工和编制定额提供必要的基本依据；便于施工方法的总结、交流、推广和行业内技术改革和管理。

对同样一种岩体的分级方法，是针对某种类型岩石工程或专门需要而制定的。例如，用于锚杆支护的围岩分级、地铁岩层分级、坝基岩体分级以及工程地质的岩石分级等。

一、岩体分级

（一）岩体基本质量的分级

岩体基本质量的分级因素由岩石坚硬程度和岩体完整程度两个因素确定，采用定性和定量指标两种方法确定。

岩石坚硬程度的定量指标，应采用岩石单轴饱和抗压强度R_c如表6–4所示。

表6–4　R_c与定性划分的岩石坚硬程度的对应关系

R_c/MPa	>60	60～30	30～15	15～5	<5
坚硬程度	坚硬岩	较坚硬岩	较软岩	软岩	极软岩

岩体完整程度的定量指标，应采用岩体完整性系数K_v，K_v为岩体弹性纵波速度与岩石弹性纵波速度之比的平方（见表6–5）。

表6–5　K_v与定性划分的岩体完整程度的对应关系

K_v	>0.75	0. 75～0.55	0. 55～0.35	0. 35～0.15	<0.15
完整程度	完整	较完整	较破碎	破碎	极破碎

岩体基本质量的分级，应根据岩体基本质量的定性特征和岩体基本质量指标（BQ）两者相结合确定（见表6–6）。

表6–6　岩体基本质量分级

基本质量级别	岩体基本质量的定性特征	岩体基本质量指标（BQ）
Ⅰ	坚硬岩，岩体完整	>550
Ⅱ	坚硬岩，岩体较完整； 较坚硬岩，岩体完整	500～451
Ⅲ	坚硬岩，岩体较破碎； 较坚硬岩或软硬岩互层，岩体较完整； 较软岩，岩体完整	450～351
Ⅳ	坚硬岩，岩体破碎； 较坚硬岩，岩体较破碎至破碎； 较软岩或软硬岩互层，且以软岩为主，岩体较完整至较破碎； 软岩，岩体完整至较完整	350～251
Ⅴ	较软岩，岩体破碎； 软岩，岩体较破碎至破碎： 全部极软岩及全部极破碎岩	<250

岩体基本质量指标，应在岩体基本质量分级的基础上，结合不同类型工程的特点，考虑地下水状态、初始应力状态、工程轴线或走向线的方位与主要软弱结构面产状的组合关系等必要的修正因素，按下式计算：

$$[BQ]=BQ-100\left(K_1+K_2+K_3\right) \qquad (6-8)$$

式中：$[BQ]$——体基本质量指标修正值；BQ——体基本质量指标；K_1——下水影响修正系数；K_2——软弱结构面产状影响修正系数；K_3——初始应力状态影响修正系数。

（二）岩体初始应力状态评估

岩体初始应力状态，当无实测资料时，可根据工程埋深或开挖深度、地形地貌、地质构造运动史、主要构造线和开挖过程中出现的岩爆、岩芯饼化等特殊地质现象作出评估。

（三）地下工程岩体自稳能力分级

地下工程岩体自稳能力，即在不支护条件下地下工程岩体不产生任何形式破坏的能力。地下工程岩体自稳能力分级情况如下。

岩体级别为Ⅰ时，其自稳能力跨度小于20m，可长期稳定，偶有掉块，无塌方。

岩体级别为Ⅱ时，其自稳能力跨度10～20m，可基本稳定，局部可发生掉块或小塌方；跨度小于10m，可长期稳定，仍有掉块。

岩体级别为Ⅲ时，其自稳能力跨度10～20m，可稳定数日至1个月，可发生小—中塌方；跨度5～10m，可稳定数月，可发生局部块体位移及小—中塌方；跨度小于5m，可基本稳定。

跨度大于5m，一般无自稳能力，数日至数月内可发生松动变形、小塌方，进而发展为中—大塌方。埋深小时，以拱部松动破坏为主，埋深大时，有明显塑性波动变形和挤压破坏；跨度小于5m，可稳定数日至1个月。

二、岩石分类

（一）岩石按风化程度分类

岩石的软化系数为饱和状态与风干状态的岩石单轴极限抗压强度之比。

当岩石的软化系数等于或小于0.75时，应被定为软化岩石；当岩石具有特殊成分、特殊结构或特殊性质时，应被定为特殊性岩石，如易溶性岩石、膨胀性岩石、崩解性岩石、盐渍化岩石等。

岩石风化程度可按表6–7确定。

表6-7　岩石按风化程度分类

风化程度	野外特征	风化程度参数指标	
		波速比K_p	风化系数K_f
未风化	岩质新鲜，偶见风化痕迹	0.9～1.0	0.9～1.0
微风化	结构基本未变，仅节理面有渲染或略有变色，有少量风化裂隙	0.8～0.9	0.8～0.9
中等风化	结构被部分破坏，沿节理面有次生矿物，风化裂隙发育，岩体被切割成岩块。用镐难挖，岩芯钻方可钻进	0.6～0.8	0.4～0.8
强风化	结构被大部分破坏，矿物成分显著变化，风化裂隙很发育，岩体破碎，用镐可挖干，钻不易钻进	0.4～0.6	<0.4
全风化	结构基本被破坏，但尚可辨认，有残余结构强度，可用镐挖，干钻可钻进	0.2～0.4	—
残积土	组织结构被全部破坏，已风化成土状，锹镐易挖掘，干钻易钻进，具可塑性	<0.2	—

注：①波速比 K_p 为风化岩石与新鲜岩石压缩波速度之比。

②风化系数 K_r 为风化岩石与新鲜岩石饱和单轴抗压强度之比。

③岩石风化程度，除按表列野外特征和风化程度参数指标划分外，也可根据当地经验划分。

④花岗岩类岩石，可采用标准贯入试验划分，N ≥ 50 为强风化；50>N ≥ 30 为全风化；N<30 为残积土。

⑤泥岩和半成岩，可不进行风化程度划分。

（二）岩石按质量指标分类

岩石的描述应包括地质年代、地质名称、风化程度、颜色、主要矿物、结构、构造和岩石质量指标RQD。

岩石质量指标（RQD）为用直径75mm的金刚石钻头和双层岩芯管在岩石中钻进，连续取芯，回次钻进所取岩芯中，长度大于10cm的岩芯段长度之和与该回次进尺的比值，以百分数表示。

根据岩石质量指标RQD，岩石质量可被分为好的（RQD>90）、较好的（RQD=75～90）、较差的（RQD=50～75）、差的（RQD=25～50）和极差的（RQD<25）。

（三）按岩体的结构类型分类

对地下硐室和边坡工程，尚应确定岩体的结构类型。岩体结构类型有整体状结构、块状结构、层状结构、碎裂状结构、散体状结构。

三、岩体的其他分类方法

（一）岩石的施工工程分级

1. 等级为Ⅳ的软石名称及特征

块石土、漂石土，含块石、漂石30%～50%的土及密实的碎石土、卵石土、岩盐；各类较软岩、软岩及成岩作用差的岩石：泥质岩类、煤、凝灰岩、云母片岩、千枚岩；钻1m所需时间：手持风枪湿式凿岩合金钻头（净钻分钟）少于7，双人打眼（工日）少于0.2；岩石单轴饱和抗压强度（MPa）小于30；开挖方法为部分用撬棍及大锤开挖或挖掘机、单钩裂土器松动，部分需借助液压冲击镐解碎或部分采用爆破法开挖。

2. 等级为Ⅴ的次坚石名称及特征

各种硬质岩：硅质页岩、钙质岩、白云岩、石灰岩、泥灰岩、玄武岩、片岩、片麻岩、正长岩、花岗岩；钻1m所需时间：液压凿岩台车潜孔钻机（净钻分钟）不多于10，手持风枪湿式凿岩合金钻头（净钻分钟）为7～20，双人打眼（工日）为0.2～1.0；岩石单轴饱和抗压强度（MPa）为30～60；开挖方法为能用液压冲击镐解碎，大部分需用爆破法开挖。

3. 等级为Ⅵ的坚石名称及特征

各种极硬岩：硅质砂岩、硅质砾岩、石灰岩、石英岩、大理岩、玄武岩、闪长岩、花岗岩、角岩；钻1m所需时间：液压凿岩台车潜孔钻机（净钻分钟）多于10，手持风枪湿式凿岩合金钻头（净钻分钟）多于20，双人打眼（工日）多于1.0；岩石单轴饱和抗压强度（MPa）大于60；开挖方法为可用液压冲击镐解碎，需用爆破法开挖。

（二）铁路隧道围岩的基本等级

Ⅰ级岩体。岩体特征为极硬岩，岩体完整；纵波速度＞4.5（km/s）。

Ⅱ级岩体。岩体特征为极硬岩，岩体较完整；硬岩，岩体完整。纵波速度为3.5～4.5（km/s）。

Ⅲ级岩体。岩体特征为极硬岩，岩体较破碎；硬岩或软硬岩互层，岩体较完整；较软岩，岩体完整。纵波速度为2.5～4.0（km/s）。

Ⅳ岩体。岩体特征为极硬岩，岩体破碎；硬岩，岩体较破碎或破碎；较软岩或软硬岩互层，且以软岩为主，岩体较完整或较破碎；软岩，岩体完整或较完整。土体特征为具压密或成岩作用的黏性土、粉土及砂类土，一般钙质、铁质胶结的粗角砾土，粗圆砾土，碎、卵石土，大块石土，Q_1、Q_2黄土，纵波速度为1.5～3.0（km/s）。

Ⅴ岩体。岩体特征为软岩，岩体破碎至极破碎；全部极软岩及全部极破碎岩（包括受构造影响严重的破碎带）。土体特征为一般第四系坚硬、硬塑黏性土，稍密及以上、稍湿、潮湿的碎、卵石土，粗、细圆砾土，粗、细角砾土，粉土及Q_3、Q_4黄土，纵波速度为1.0～2.0（km/s）。

Ⅵ岩体。岩体特征为：受构造影响很严重呈碎石角砾及粉末、泥土状的断层带。土体特征为软塑状黏性土，饱和的粉土、砂类土等。纵波速度小于1.0（km/s），饱和状态小于1.5。

（三）水电系统岩体的工程分类

岩石质量标准用S表示，按下式计算：

$$S=R_wE_w/(R_SE_S) \tag{6-9}$$

式中：R_w——完整岩石的饱和单轴抗压强度；E_w——完整岩石的饱和弹性模量；R_S——规定软岩的饱和单轴抗压强度；E_S——规定软岩的饱和弹性模量。

水电系统采用岩体质量指标，用M值进行工程分类。

$$M=\beta SKyK_P \tag{6-10}$$

式中：β——岩体完整性系数；K_y——岩体风化系数；K_P——岩体软化系数。

第七章　岩土工程特殊岩（土）勘察

第一节　湿陷性土

一、概述

在200kPa压力下，浸水载荷试验的附加湿陷量与承压板宽度之比等于或大于0.023的土，应判定为湿陷性土。

湿陷性土在我国分布广泛，除常见的湿陷性黄土外，在我国干旱、半干旱地区，特别是在山前洪、坡积扇（裙）中常遇到湿陷性碎石类土、湿陷性砂土等。据现有资料，这类土附加湿陷变形量可达3～10cm。这类湿陷性土在评价方面，尚不能完全沿用我国现行国家标准《湿陷性黄土地区建筑标准》（GB 50025—2018）的有关规定，其湿陷机理目前研究不多，但据现有资料，主要认为是土颗粒周围的可溶盐遇水溶解而失去对土颗粒的胶结作用，使土骨架颗粒在重力作用下重新排列而产生。对这类土进行岩土工程勘察时，应查明它的成因、分布、附加湿陷量的大小，并作出正确的岩土工程评价。

二、湿陷性土岩土工程基本技术要求

在湿陷性土（湿陷性碎石类土、湿陷性砂土和其他湿陷性土，不包含湿陷性黄土）分布区进行各类工程建设的岩土工程勘察，除应遵守第三章的规定外，由于它特殊的工程特征，还应符合下列要求。

第一，勘探点的间距应按第三章的有关规定取小值，对湿陷性土分布极不均匀的场地应加密勘探点。

第二，控制性勘探孔深度应穿透湿陷性土层。

第三，应查明湿陷性土的年代、成因、分布和其中的夹层、包含物、胶结物的成分和性质。

第四，湿陷性碎石土和砂土，宜采用动力触探试验和标准贯入试验确定力学特性；不扰动土试样应在探井中采取。

第五，不扰动土试样除测定一般物理力学性质外，还应进行土的湿陷性和湿化试验。

第六，对不能取得不扰动土试样的湿陷性土，应在探井中采用大体积法测定密度和含水量。

第七，对于厚度超过2m的湿陷性土应在不同深度处分别进行浸水载荷试验，并应不受相邻试验的浸水影响。

三、湿陷性土的岩土工程评价

据野外浸水载荷试验所获附加沉陷量，由于载荷试验主要受压层的深度，一般为承压板宽度的1.5倍，$0.5m^2$的方形承压板边宽为70.7cm，其受压层深度为106cm，而$0.25m^3$的承压板宽为50cm，其受压层深度为75cm。而当湿陷性土均匀性差时，特别是湿陷性碎石土，如果承压板面积小，受压缩层深度也就浅，所获结果相对代表性就差，因此我们尽可能采用较大面积的承压板。

湿陷性土的承载能力，按载荷试验或其他原位测试成果确定，如无试验数据则参考有关标准综合确定。

由于土具有湿陷性，因此在进行边坡稳定性评价时，应注意浸水引起土本身或湿陷性土与下伏地层接触面强度降低而导致崩塌或滑坡的可能性。

湿陷性土的处理原则应是防止水的浸入，避免因浸水而强度降低，产生附加湿陷沉降。在建筑上加大散水，做好地面防水及管道的防渗漏，并增设检漏设施，可参照《湿陷性黄土地区建筑标准》有关规定执行。

进行地基处理应根据土质特征、处理目的以及当地条件综合考虑确定，处理方法包括换土、压实、挤密以及灌浆等，消除或降低湿陷性，提高土的强度。

对于重要建筑物应进行沉降观测。

四、湿陷性黄土

（一）概述

我国黄土主要分布在北纬33° ~47° 的广大地域，面积约64万km，其中具有湿陷性的约占27万km。黄土按成因分为原生黄土和次生黄土。一般认为不具层理的风成黄土为原生黄土。原生黄土经水流冲刷、搬运、重新沉积而形成的次生黄土，具有层理，含有砂砾和细砂。我国黄土堆积时代包括整个第四纪。

（二）湿陷性黄土岩土工程勘察基本技术要求

根据上述工程特性，应着重查明地层时代、成因、湿陷性土厚度、湿陷性随深度的变化、场地湿陷类型和湿陷级别的划分、地下水位的变化幅度。

勘探点深度应根据湿陷性黄土的厚度和预估压缩层深度确定，初勘阶段，一般为10～20m，并应有一定数量（不少于勘探点总数的1/2）控制性取土勘探点穿透湿陷性黄土层。在详勘阶段，勘探点深度亦应大于压缩层计算深度，对非自重湿陷性黄土场地还应大于基础底面以下10m；对自重湿陷性黄土场地，勘探点深度应据地区确定，对陕西、陇东、陕北、晋西地区，应大于基础底面以下15m，其他地区则大于基础底面以下10m。取样勘探点，在初勘阶段应按地貌单元和控制性地段布置，其数量不少于勘探点总数的1/2。详勘阶段勘探点的布置则应根据建筑物总平面、建筑物类别及场地地质条件复杂程度确定，在单独的甲、乙类建筑场地内，勘探点不应少于4个；采取不扰动土样和原位测试的勘探点不得少于全部勘探点的2/3，其中采取不扰动土样的勘探点不宜少于1/2；如勘探点间距大，或孔数不多时，可全部作为取样勘探点。

取样竖向间距一般为1m。在取样勘探点中应有一定数量的探井，探井数量不宜少于取土勘探点总数的1/3～1/2，并不宜少于3个，探井深度宜穿透湿陷性黄土层，土样直径不宜小于12cm，且保证不扰动；在钻孔中取样，必须注意钻探工艺。

为评价地层的均匀性和土的力学性质，勘探点中应有一定数量的静力探孔，并可采用标准贯入试验或旁压试验等原位测试手段。

第二节　软土

一、概述

软土是具有特定含义的土类，是指沿海的滨海相、三角洲相、溺谷相、内陆河流相、湖泊相、沼泽相等，主要由细粒土组成的天然孔隙比大、天然含水量高、压缩性高、强度低，具有灵敏的结构性的土层。常为软塑到流塑状态，包括淤泥、淤泥质土、泥炭、泥炭质土等，软土的这一定义包含软土的成因、沉积相及主要属性。

软土的形成沉积环境基本上是静水还原环境，含有机质、富含水而不易排出固结，以致反映在工程上的特性是承载能力低、地基变形量大、变形稳定历时时间长，且具有触变性及蠕变性，在较大地震作用下易出现震陷。软土层往往具有良好的层理，在互层中伴有少数较致密的、颗粒较粗的粉土或砂层，而成为软土层中的变异层，在地表也常有硬壳层存在，这些都是良好的，可供选择的持力层。

我国软土，据现掌握的资料来看，按其工程性质结合自然地质地理环境，大致可分为三个区域，即以沿秦岭走向向东至连云港以北的海边及沿苗岭、南岭走向向东至蒲田海边为分界线。这一分区可在区划、规划和勘察的前期工作中使用。

软土地区岩土工程勘察阶段一般分为初步勘察及详细勘察，必要时还应进行施工勘察。对于大型工程则应划分可行性研究勘察、初步勘察、详细勘察和施工勘察四个阶段。但如果建筑物性质和总平面布置已定的工程，也可只进行详细勘察。

拟建建筑物场地则视其工程地质条件的复杂程度划分三种类型。

简单场地。地形平坦、地貌单一，无暗塘、暗沟，交互层简单，土质均一，无不良地质现象，地下水对地基基础无不良影响。

中等复杂场地。地形微起伏，地貌单元较单一，暗塘、暗沟较少，交互层较复杂，土质变化较大，地基主要受力层内硬层和基岩面起伏较大，不良地质现象发育较严重，地下水对地基基础可能产生不良影响。

复杂场地。地形起伏大，地貌单元较多，暗塘、暗沟较多，交互层复杂，土质变化大，地基主要受力层内硬层和基岩面起伏大，不良地质现象发育较严重，存在液化和震陷，地下水对地基基础有不良的影响。

在运用上述条件对场地类型划分时应综合考虑，如遇有类别的过渡，则应从主要方面进行综合分析判定。

二、软土地区岩土工程勘察基本技术要求

（一）软土岩土工程勘察内容

总体来说，软土岩土工程勘察工作，应查明以下内容。

一是成因类型、成层条件、分布规律、薄层理与夹层的特征、水平向和垂直向的均匀性（厚度、土性质）。

二是地表硬壳层的分布与厚度、下伏硬土层或基岩的埋深和起伏。

三是固结历史、应力水平和结构破坏对强度和变形的影响。

四是微地貌形态和暗埋的塘、浜、沟、坑、穴的分布、埋深及填土的情况。

五是开挖、回填、支护、工程降水、打桩、沉井等对软土应力状态、强度和压缩性的影响。

六是当地的工程经验。

（二）可行性研究阶段

可行性研究阶段的岩土工程勘察任务，是对拟选场址的稳定性和适宜性以及技术经济效益作出工程地质评价。通过收集和调查了解拟建地区及场地的地形地貌、构造、地层岩性、水文地质、地震、冻土和不良地质现象，当地建筑经验等，要重点查明以下建筑场地不利的因素。

一是有无古河道、暗塘、暗浜和沟谷，地基土的严重不均匀性（厚度、岩性）。

二是有无斜坡或起伏大的浅埋基岩，分析存在滑坡的危险性。

三是地震时是否会发生地裂、地陷和液化。

四是有无洪水和海潮或地下水的不良影响。

五是地下有无未开采或正开采的矿藏、文物等。

六是拟建场地如已有资料的研究尚不能满足确定建筑场地要求，则应根据需要进行工程地质测绘（调查）及必要的勘探工作。

（三）初步勘察阶段

初步勘察阶段的岩土工程勘察任务，是对场地各建筑地段的稳定性作出评价，并为确定建筑总平面布置、主要建筑物地基基础工程方案，及不良地质现象的防治工程等，提供工程地质资料及依据。为此在初步勘察阶段应该做到以下几点。

一是初步查明场地的地层、成因、层理特征及其物理、力学性质，地表硬壳层的分布、厚度，下卧硬层、基岩的埋藏条件与起伏及其物理、力学性质，为寻找合适持力层提供依据。

二是初步查明场地微地貌形态、堆填土的分布范围和埋深。

三是初步查明场地水文地质条件、冻结深度。调查地下水类型与地表水的水力联系、补给和排泄条件、地下水位的变化幅度，如需绘制地下水等水位线图，应统一量测地下水位。采取有代表性的水试样进行腐蚀性分析和评价，一般地区不少于2处取样点，有污染源的地区，则可多取样。

四是初步查明场地不良地质现象（如古河道、暗浜、暗塘、暗沟、地下坑穴等）的分布范围，它们对场地稳定性的影响程度及发展趋势。

五是对地震烈度为7度及7度以上的建筑场地，判定场地的地震效应。

六是初步查明环境地质对建筑场地的影响。

七是为使工作有明确的针对性，在开展工作之前，应获取拟建建筑工程性质、规模、规划布置的初步设想，场地范围的地形图（1/500～1/2000），地下管、线的现状以及已有资料（包含可行性研究资料）和建筑经验。

八是初步勘察阶段工作应在分析已有资料或工程地质调查（测绘）的基础上进行。勘探线应垂直地貌单元界线、地层界线布置，在海边则垂直海岸线布置，勘探点可沿勘探线布置，在每个地貌单元和地貌单元交界部位均应有勘探点，在微地貌和地层变化较大地段应适当加密勘探点。在地形较平坦的地区，勘探线、点可按方格网布置。勘探点间距及深度参照本章第一节。

（四）详细勘察阶段

详细勘察阶段岩土工程勘察的任务是对建筑地基作出岩土工程评价，并为地基基础设计、地基处理提供岩土工程参数、方案的论证和建议。为此，在详细勘察阶段应当做到以下几点。

一是查明建筑物范围内的地层结构及其物理、力学性质，软土的固结历史、强度和变形特征，并对地基的稳定性（强度及变形)以及承载能力作出评价。对建筑范围内的暗塘、暗沟等，应查明其范围、深度、填埋时间、填筑的材料及其工程性质。

二是查明地下水的埋藏条件、腐蚀性和地层的渗透性。

三是判定地基及地下水在建筑施工（开挖、回填、打桩等）和使用过程中可能产生的变化和影响，并提出防治方案和建议。

四是提供地基变形计算参数，必要时应对基础沉降变形进行计算。

五是提供深基坑开挖后基坑边坡稳定性计算所需参数和支护方案，对基坑开挖、井点降水对相邻建筑物的影响作出分析和评价。

详细勘察工作应在初步勘察工作基础上进行。

（五）施工勘察阶段

施工阶段进行岩土工程勘察，主要是针对施工中发现的问题进一步核实和处理，一般遇到下列情况之一时才进行。

一是基坑（槽）开挖后，地质条件与勘察成果有差异，并可能影响工程质量。

二是深基础施工设计及施工中需进行有关地基监测工作，如坑底土层回弹、基坑边坡土体的侧向位移，降水引起的附加沉降、位移、开裂，建筑每加一层或每增加一次荷载引起的沉降，以及打桩引起的土的侧向位移、孔隙水压力的变化，对周围邻近建筑物或周围环境的影响等。

三是地基处理、加固时，需进行设计和检验。

四是对已掩埋的塘、浜、沟、谷等位置需进一步查明和处理。

五是预计施工时，对土坡稳定性进行监测和处理。

三、岩土工程分析与评价

由于软土所具有的特殊工程性质，因此在进行岩土工程分析与评价时，应立足于软土特性的影响和作用。

应注意分析与评价软土地基的均匀性（分布、厚度、强度及压缩性或者是直接反映的承载力及沉降的均匀性），尤其应注意边坡的稳定性，当建筑物离池塘、河岸、边坡较近时，应判定软土侧向塑性挤出或滑移产生的危险程度。

选择合适的持力层，并应对可能的基础方案进行技术经济论证，尽可能利用地表硬壳层。对于软土的承载力的确定应根据室内试验、原位测试和当地经验，并结合以下因素以变形控制的原则作出综合评价：①软土的成层条件、应力历史、结构性、灵敏度等力学特性和排水条件；②上部结构的类型、刚度、荷载性质和分布，对不均匀沉降的敏感性；③基础的类型、尺寸、埋深及刚度等；④施工方法和程序；⑤对采用预压排水的地基，应考虑软土固结排水强度的增长。

对地下水的评价应注意以下几个方面，并提供相应的有关指标参数：①地下水位以下的各类工程结构物，应评价地下水对混凝土及金属材料的腐蚀性；②应考虑和评价地下水的浮托作用，尤其应预测水位最大变化幅度范围内上浮的可能性，地下水抽降以后的水位回升可能引起的附加浮托力等；③由于工程施工降水或大量抽取地下水，在地下水位下降的影响范围内，则应评价可能引起的土体变形或大面积地面沉降及其对工程的危害；④施工抽水过程中可能产生的水头差，应评价产生潜蚀、流砂、涌土的影响，当基坑下部存在承压水层时，应评价承压水水头对基坑稳定性的影响。

地基处理。软土地基处理方法很多，应针对实际情况具体选用。常用的有效方法有以下五种：①对暗塘、暗浜、暗沟、坑穴、古河道等，当范围不大时，一般采用基础埋深或换垫处理；当宽度不大时，一般采用基础梁跨越处理；当范围较大时，一般采用短桩处理。②对表层或浅层不均匀地基可采用机械碾压法与夯实法等处理。③浅层软土地基可采用换土垫层等方法处理，或采用垫层法。④厚层软土地基可采用堆载预压方法，即砂井、袋装砂井或塑料排水板堆载预压法，也可采用真空预压法。预压荷载应略大于设计荷载，预压时间、分级和速率应根据建筑物的要求和对周围建筑物的影响，以及软土的固结情况而定。⑤对荷载大、沉降限制严格的建筑物，宜采用桩基，可有效减小沉降量和差异沉降量。

第三节 填土

一、概述

填土系指由人类活动而堆填的土，据物质组成和堆积方式可分为四种。

素填土。由碎石土、砂土、粉土和黏性土等一种或几种材料组成，不含杂物或含杂物很少。按主要物质组成又可分为碎石填土、砂性素填土、粉性素填土、黏性素填土等。如在堆填过程中经分层压实，则称为压实填土。如果控制施工质量，符合工程要求的填土则称为质控填土。

杂填土。含有大量建筑垃圾、工业废料或生活垃圾等杂物。根据其主要组成物质分为建筑垃圾土、工业废料垃圾土、生活垃圾土等。

冲填土。由水力冲填泥沙形成。

压实填土。按一定标准控制材料成分、密度、含水量，分层压实或夯实而成。

填土分布广泛，厚度不一、成分复杂，多年来一直认为填土不宜作天然地基，因此工程建设中往往采用挖除、换填等处理方法，这样不仅延误了工期，也增加了工程建设投资，清除的填土还需另找场地堆放。实践证明，对填土，只要掌握了它的特点、性能、厚度和分布，有的可以作天然地基，有的加以适当处理仍可以作持力层。例如桂林市中医院高干病房及中国银行桂林支行办公楼场地，填土层厚达6～8m，清除困难，采用桩基则经济造价高，后来采用碎石、砂桩挤密，这不仅提高了填土的承载能力、满足了工程建设要求，而且还保证了工期、节约了工程造价。

二、填土岩土工程勘察技术要求

填土是因人类活动而堆填的土，所以一般应通过调查、访问了解填土来源、堆积的年限、堆填的方法，特别是收集场地及其邻近已有地形图，分析对比场地地形地物的变迁，从而帮助我们初步掌握填土的分布范围、性质、厚度等资料，为进一步工作打好基础。

填土一般均有不均匀性、松散性及湿陷性（压实填土除外），从而对建筑物产生不利的影响，因此应重点查明这些特性以及与此有关的分布、厚度、物质成分、颗粒级配及填土的物理、力学性质。

在填土中往往有上层滞水存在，且往往由于填土成分复杂，或受附近生活、工业废水的排放等的影响，因此应查明填土中地下水类型及其与相邻地表水体或地下水的水力联系，评价水对混凝土、钢材的腐蚀性。

对冲填土，应了解其排水条件及固结状态。

为查明填土层的分布及暗埋的塘、浜、沟、坑的范围，应在第二章规定基础上加密勘探点，以追索并圈定它们的范围，勘探点深度应穿过填土层，勘察方法则应视填土的性质确定，一般对粉土、黏性素填土，可采用轻型钻具，对含较多粗粒成分的杂填土可采用静探、钻探相结合的方法。

测试工作以原位测试为主：为查明填土的均匀性和密实度可采用触探试验，辅以室内试验；为查明填土的压缩性、湿陷性可采用室内压缩试验或现场载荷试验；为查明杂填土密度，可采用大容积法测定；对压实填土，在压实前应测定填料的最优含水量和最大干密度，压实以后应测定其压实系数；对粉土、黏性素填土可选用轻便触探进行测试；对冲填土、黏性素填土可选用静力触探进行测试；对粗粒填土，则可选用动力触探进行测试。

三、填土的岩土工程分析与评价

对填土的岩土工程分析与评价，除了应考虑填土的特性外，还应考虑建筑物的重要性、结构的特点、地区建筑经验及有关规定，仅仅把它们有机地结合起来，孤立地按土性进行分析与评价是不可取的。

一是应分析、评价填土地基均匀性、压缩性和密实度。填土地基的均匀性、压缩性及密实度与填土的物质成分、分布特征、堆积年代有着密切的关系，因此在分析、评价时，必须阐明填土成分、分布及堆积年代，在此基础上分析、评价其均匀性、压缩性及密实度，必要时还应按厚度、强度和变形特征进行分区评价。

二是应分析、评价填土堆积时间与组成物的关系。对于堆积年限较长的素填土、冲填土及由性能稳定的工业废料和建筑垃圾组成的杂填土，当较均匀和较密实时，可考虑作为天然地基。由有机质含量较多的生活垃圾和对基础有腐蚀性的工业废料组成的杂填土，则不宜作为天然地基。

对于填土地基承载力可按有关规定（经验）确定外，还应考虑当地建筑经验。

当填土底面天然坡度大于20%时，应验算其稳定性。

对于压实填土，如作为地基，在平整场地以前，必须根据工程结构类型要求、填料性能以及现场条件，提出压实填土地基质量要求，未经检验或检验不合格者，不能作为天然地基。

利用填土作为天然地基时，建筑及结构应采取一定的措施，提高和改善建筑物对填土地基不均匀沉降的适应能力，如建筑物长度不宜过长，平面规则，长高比不超过2，加宽散水，做好排水，加设基础圈梁，以及选择适宜基础形式、加强刚度等。

对于填土地基的加固处理方法的选择，应从加固效果、经济费用、工程周期、环境影响以及地区经验等方面综合比较确定，处理后应按有关规定进行质量检验。

第四节　膨胀土（岩）

一、概述

（一）膨胀土（岩）定义

膨胀土（岩）可以定义为：含有大量亲水矿物，湿度变化时体积有较大变化，变形受约束时产生较大内应力的（岩）土。这一定义包含三个方面的内容。

控制膨胀土（岩）胀缩势能大小的物质成分主要是土中蒙脱石含量、离子交换容量。这些物质成分本身具有亲水特性。

除了亲水性外，物质本身的结构构造亦是重要方面。试验证明，膨胀土的微观结构属面—面叠聚体，它的团粒结构具有更大的吸水膨胀和失水收缩能力，膨胀和收缩是膨胀土同时具有的两种变形特性，即吸水膨胀、失水收缩、再吸水再膨胀和再失水再收缩的胀缩变形的可逆性。

黏性土具有膨胀收缩特性，问题在于这些特性对工程建筑安全的影响程度，只有当胀缩性能达到足以危害建筑物安全使用，需进行特殊处理时，才能按膨胀土（岩）地基进行设计、施工和维护。

（二）膨胀土的工程地质

膨胀土的工程地质特征，据研究及工程实践，主要表现在以下几个方面。

地貌特征。多分布在二级及二级以上阶地、山前丘陵和盆地边缘，个别分布在一级阶地上。常呈垄岗—丘陵与浅而宽的沟谷，地形平缓，一般坡度小于12°，无明显的自然陡坎。在水流冲刷作用下的水渠、水沟，常易发生崩塌、滑动而淤塞。

结构特征。多呈坚硬—硬塑状态，呈菱形土块越小，胀缩性越强。土内分布有裂隙，斜交剪切裂隙越发育，胀缩性越严重；膨胀土多为细腻的胶粒组成，断口光滑，土内常含钙质结核或铁锰结核，呈零星分布，有时也富集成层。

分布在沟谷头部、岸边及路堑边坡上的膨胀土常具有胀缩性，菱形土块易出现浅层滑坡，新开挖的边坡，在旱季常发生剥落现象，在雨季则发生表层滑坡。膨胀土分布区，旱季产生地裂，长可达数十至百米，深数米，而雨季则闭合。

地下水多为上层滞水或裂隙水，无统一水位，水位随季节变化而变化，常引起地基的不均匀胀缩变形。

（三）膨胀土（岩）判定

由于膨胀土（岩）的特殊工程特性，以及对工程建设的影响，在进行岩土工程勘察时，首先应初步判定场地是否属膨胀岩土，以便正确进行勘察工作。岩土的初步判断，目前无统一指标，大多采用综合判别的方法。可依据地形地貌、岩土外观特征及自由膨胀率进行判定。

1. 膨胀土

（1）多分布在二级或二级以上阶地、山前丘陵和盆地边缘。

（2）地形平缓，无明显自然陡坎。

（3）常见浅层滑坡、地裂，新开挖的路堑、边坡、基槽易发生坍塌。

（4）裂缝发育，方向不规则，常有光滑面和擦痕，裂缝中常充填灰白、灰绿色黏土。

（5）干时坚硬，遇水软化，自然条件下呈坚硬或硬塑状态。

（6）自由膨胀率一般大于40%。

（7）未经处理的建筑物成群破坏，低层比多层破坏严重，刚性结构比柔性结构破坏严重。

（8）建筑物开裂多发生在干旱季节，裂缝宽度随季节而变化。

2. 膨胀岩

（1）多见于黏土岩、泥岩、泥质砂岩，伊利石含量大于20%。

（2）具有上述膨胀土的特征。

二、膨胀土（岩）岩土工程勘察基本技术要求

（一）场地类别的划分

据大量工程实践资料证明，由于膨胀土（岩）分布地段地貌形态不一，因此，岩土工程问题的复杂性也不一，因而将建筑场地分为“平坦”和“坡地”两种类型的场地，凡属于下列情况之一，则应划分平坦场地：地形坡度小于5°，且同一建筑物范围内局部高差不超过1m；地形坡度大于5°，小于14°，与坡肩水平距离大于10m的坡顶地带。

凡不符合上述条件的均为坡地场地。

（二）各勘察阶段基本技术要求

勘察阶段的划分应同样与设计阶段相适应，分为选择场地勘察、初步勘察和详细勘察三个阶段。对场地面积不大、地质条件简单或有建设经验的场地，可简化勘察阶段，但应达到详细勘察要求。如地质条件复杂或有成群建筑物破坏的地区，必要时还应进行专门性勘察工作。

选择场地勘察应以工程地质调查为主，辅以少量坑探或必要的钻探工作，了解地层分布，采取适量扰动土样，测定自由膨胀率，初步判定场地内有无膨胀土分布，对拟选场地的稳定性和适宜性作出评价。

工程地质调查、测绘应着重以下内容：①初步查明膨胀土（岩）的地质时代、成因和岩性、产状分布、颜色、节理、裂缝等外观特征；②划分地貌单元，了解地形形态；③查明场地内有无浅层滑坡、地裂、冲沟和隐伏岩溶等不良地质现象；④调查地表水的排泄积聚情况，地下水类型，多年水位和变化幅度；⑤收集当地多年气象资料（包括降水量、蒸发力、气温、地温、干湿季节、干旱持续时间等），了解其变化特点；⑥调查当地建设经验，分析建筑物损坏原因。

初步勘察阶段应确定膨胀土（岩）的膨胀性，对场地稳定性和工程地质条件作出评价，为确定建筑总平面布置、主要建筑物地基基础设计方案以及不良地质现象的防治工程方案提供工程地质资料。其主要工作应包括下列内容：①工程地质条件复杂并且已有资料不符合要求时，应进行工程地质测绘，所用的比例尺可采用1：1000～1：5000；②查明场地内不良地质现象的成因、分布范围和危害程度，预估地下水位季节性变化幅度和对地基土的影响；③采取原状土样进行室内基本物理性质试验、收缩试验、膨胀力试验和50kPa压力下的膨胀率试验，初步查明场地内膨胀土的物理力学性质。

详细勘察阶段。应详细查明建筑物的地基土（岩）层及其物理力学性质，确定其胀缩等级，为地基基础设计、地基处理、边坡保护和不良地质地段的治理，提供详细的岩土工程资料。

野外勘探及试验工作，由于膨胀土（岩）的特殊性，勘探点数量应比非膨胀土（岩）地区适当增加，在地貌单元边界附近及典型地貌地段均应布勘探孔。详细勘察阶段，每栋主要建筑物不应少于3个取土勘探点。技术孔应根据建筑物类别、地貌单元及地基土（岩）胀缩等级分布布置，其数量不应少于勘探点总数的1/2。

勘探孔深度，除应考虑基础埋深及附近荷载影响外，还应超过大气影响深度。据我国膨胀土地区多年现场观测，平坦场地的大气影响深度一般在5m以内，地面5m以下土的含水量受气候影响较小，因此勘探孔深度一般不得少于5m，控制孔不得少于8m。

大气影响深度范围内是膨胀土的活动带，在大气影响深度范围内，每个控制孔均应采集Ⅰ级或Ⅱ级试样。取样从地表下1m开始，取样间距不得大于1m；土层有明显变化处，应加取土样；在大气影响深度以下，可1.5～2.0m间隔取样。对一般孔，在5m深度内可取Ⅲ级样，测定天然含水量。

重要的和有特殊要求的建筑场地，必要时应进行现场浸水载荷试验，进一步确定地基土的膨胀性能及其承载力。

室内试验除应满足第二章各类建（构）筑物岩土工程评价要求外，还必须测定：①自由膨胀率；②一定压力下的膨胀率；③收缩系数；④膨胀力；⑤对洞室还应绘制膨胀率与时间曲线及一定压力下膨胀率与膨胀力的关系曲线。

另外，还可进行黏粒含量、黏土矿物成分、自由膨胀法和等容膨胀法的膨胀力测定。对重要的和有特殊要求的工程场地，必要时应进行现场浸水载荷试验、剪切试验或旁压试验。对膨胀岩应进行黏土矿物成分、体积膨胀量和无侧限抗压强度试验。对各向异性的膨胀岩土，应测定不同方向的膨胀率、膨胀力和收缩系数。

黏粒含量高、黏粒小、比表面积大，颗粒负电场与极性水分子间的吸引作用越强（或阳离子水化作用强），胀缩变形能力也越强。土的孔隙比小，浸水膨胀强烈，失水收缩小；土的孔隙比大，则反之。土的初始含水量与胀后含水量接近，膨胀小，而收缩可能性及收缩值大，如二者差值越大，膨胀可能性及膨胀值就越大，收缩则越小。

第五节　红黏土

一、概述

红黏土是具有特定含意的一种特殊土，在我国南方广泛分布。红黏土是指碳酸盐岩系岩石经红土化作用形成，并覆盖于基岩上的棕红、褐黄色的高塑性黏土。

颜色为棕红或褐黄，覆盖于碳酸盐岩系之上，其液限大于或等于50%的高塑性黏土，应判定为原生红黏土，原生红黏土经搬运、沉积后仍保留其基本特征，且其液限大于45%的黏土，可判定为次生红黏土。

红黏土的天然含水量随深度增加而逐渐增大，因此常具有“上硬下软”的垂直分布特征，这一特征提示了红黏土地基持力层的选择。

二、红黏土岩土工程勘察基本技术要求

红黏土的分布与岩溶区紧密相连，且由于红黏土所特有的工程特性，因此对红黏土的岩土工程勘察应是工程地质测绘、调查与勘探相结合。

（一）工程地质测绘和调查应着重查明的内容

不同地貌单元的红黏土、次生红黏土的分布、厚度、物质组成、土性、土体结构等特征及其差异。

下伏基岩的岩性、岩溶发育特征及其与红黏土土性、厚度变化的关系。

地裂分布、发育特征及其成因，土体结构（由于黏土矿物以高龄石、伊利石为主，pH值低，常呈蜂窝状和絮状结构）特征，统计土中缝隙的密度、深度、延伸方向及规律性，分析对（人工）边坡的影响。

地表水体、地下水的分布、动态及其对红黏土湿度状态、垂向分带及土质软化状况的影响。

建筑物的使用情况，开裂原因分析，地基基础勘察、设计、施工经验，工程措施等。

（二）勘探工作的要求

红黏土地区勘探点的布置，应取较密的间距，查明红黏土厚度和状态的变化。初步勘察勘探点间距宜取30～50m；详细勘察勘探点间距对均匀地基宜取12～24m，对不均匀地基宜取6～12m。厚度和状态变化大的地段，勘探点间距还可加密。

如果基础是采用岩面端承桩，有石芽出露的地基，或有土洞时，则应进行施工勘察，勘探点间距、深度则根据实际需要查明的问题而定。

三、岩土工程评价

地裂是赋存于红黏土中的一种特性反映，规模不等，长可达数百米，深可延至地面下数米，地裂所经地段，建筑物无一不受损坏，因此在勘察时，应予以充分重视，建筑物应避免跨越地裂密集带或深长地裂地段。

红黏土地基承载力特征值，可采用静载荷试验和其他原位测试（如静力触探、旁压试验等）、理论公式计算并结合工程实践经验等方法综合确定。

轻型建筑物的基础埋深应大于大气影响急剧层的深度；炉窑等高温设备的基础应考虑地基土的不均匀收缩变形；开挖明渠时应考虑土体干湿循环的影响；在石芽出露的地段，应考虑地表水下渗形成的地面变形。下面即是一些具体的评价。

地基均匀性评价。红黏土的厚度随下卧基岩面起伏而变化，致使红黏土厚度变化大，而常引起不均匀沉降，在地基基础设计中应引起重视。

基础埋置深度的确定。应充分利用红黏土上硬下软的特点，发挥浅层较硬土层的承载能力，减轻下卧软弱层受到的压力，基础应尽量浅埋，利用浅部硬壳层，并进行下卧层承载力的验算。如果不能满足承载力和变形要求时，应建议进行地基处理或采用桩基础。

土洞的影响。由于红黏土所分布的特殊地质环境，下卧基岩岩溶现象发育，因而上覆的红黏土层中常有土洞存在，各种成因的土洞往往发育速度快，易引起地面塌陷，对建筑物地基的稳定性极为不利，必须查明其分布、规模、成因，应评价土洞的分布、稳定及发展趋势，尤其是土层较薄的地段，预测土洞对地基稳定性影响，提出防治措施。

人工边坡评价。对红黏土人工边坡，尤其是复水性属Ⅰ类的红黏土，在稳定性评价时，土的计算参数的选取，应考虑开挖面土体失水、胀缩缝隙发育以及浸水使土质软化、强度降低的不利影响，结合当地经验，选择适宜的计算参数。

地下水评价。应着重分析地下水埋藏、运动条件与土体缝隙特征的关系，地表水、上层滞水、岩溶水之间的连通性及地下水分布的不均匀、季节性，评价其对建筑物的影响。红黏土由于矿物种类、含量不同，收缩性、膨胀性表现不同，因此，失水收缩产生的缝隙发育特征、发育程度影响和制约地下水的赋存状态及运动特征，在对地下水进行评价时，应紧紧抓住缝隙特征这一核心问题，分析、论证它对地下水特征的影响和制约关系，进而评价其对建筑物的影响。

第八章　岩土工程地质灾害勘察

第一节　岩溶勘察

一、概述

喀斯特岩溶地貌作为一种特殊的地质现象越来越被关注。要掌握岩溶地区基本可行的工程地质勘察方法，就需要了解岩溶发育的规律和特征，以针对不同岩溶的特点和形态采取不同的调查方法和手段。

岩溶场地可能发生的岩土工程问题主要有以下几个方面。

一是地基主要受压层范围内若有溶洞、暗河、土洞等存在，在附加荷载或振动作用下，洞顶板坍塌引起地基突然陷落。

二是地基主要受压层范围内，当下部基岩面起伏较大，上部又有软弱土体及土洞分布时，引起地基的不均匀下沉。

三是覆盖型岩溶区由于地下水活动产生的土洞逐渐发展导致地表塌陷，造成对场地和地基稳定的影响。

四是在岩溶岩体中开挖地下洞室时，突然发生大量涌水及洞穴泥石流灾害。从更广泛的意义上，还包括有其特殊性的水库诱发地震、水库渗漏、矿坑突水、工程中遇到的溶洞失稳、旱涝灾害、石漠化等一系列工程地质和环境地质问题。

二、工作准备

（一）了解勘察阶段及要求

按岩土工程勘察等级分阶段进行勘察评价，各勘察阶段应符合下列要求。

1. 可行性研究阶段

（1）应查明岩溶洞隙、土洞的发育条件，并对其危害程度和发展趋势作出判断，对场地的稳定性和工程建设的适宜性作出初步评价。

（2）宜采用以工程地质测绘和综合物探为主，勘探点的间距不应大于各类建筑工程勘探的有关规定，岩溶发育地段应予以加密。对于测绘和物探发现的异常地段，应选择有代表性的部位布置验证性钻孔。控制性勘探孔的深度应穿过表层岩溶发育带。

2. 初步勘察阶段

应查明岩溶洞隙及其伴生土洞、塌陷的分布、发育程度和发育规律，并按场地的稳定性和适宜性进行分区，勘察要点基本与可行性研究阶段相同。初步勘察勘探点的间距对于一级、二级、三级地基分别不应大于30～50m、40～100m和75～200m。

3. 详细勘察阶段

（1）应查明拟建工程范围及有影响地段的各种岩溶洞隙和土洞的位置、规模、埋深、岩溶堆填物性状和地下水特征，对地基基础的设计和岩溶的治理提出建议。

（2）勘察要点：①勘探线应沿建筑物轴线布置，勘探点间距不应大于各类建筑工程勘探的有关规定，条件复杂时，每个独立基础均应布置勘探点；②勘探孔深度除应符合各类建筑工程勘探的有关规定外，当基础底面下的土层厚度不符合特定条件时，应有部分或全部勘探孔钻入基岩；③当预定深度内有洞体存在，且可能影响地基稳定时，应钻入洞底基岩面下不少于2m，必要时应圈定洞体范围；④对于一柱一桩的基础，宜逐柱布置勘探孔；⑤在土洞和塌陷发育地段，可采用静力触探、轻型动力触探、小口径钻探等手段，详细查明其分布；⑥当需查明断层、岩组分界、洞隙和土洞形态、塌陷等情况时，应布置适当的探槽或探井；⑦物探应根据物性条件采用有效方法，对异常点应采用钻探验证，当发现或可能存在危害工程的洞体时，应加密勘探点；⑧凡人员可以进入的洞体，均应入洞勘察，对于人员不能进入的洞体，宜用井下电视等手段探测。

4. 施工勘察阶段

（1）应针对某一地段或尚待查明的专门问题进行补充勘察。当采用大直径嵌岩桩时，尚应进行专门的桩基勘察。

（2）工作量应根据岩溶地基设计和施工要求布置。在土洞、塌陷地段，可在已开挖的基槽内布置触探或钎探。对于重要或荷载较大的工程，可在槽底采用小口径钻探进行检测。对于大直径嵌岩桩，勘探点应逐桩布置，勘探深度应不小于底面以下桩径的3倍并不小于5m，当相邻桩底的基岩面起伏较大时应适当加深。

5. 勘察部位要求

在勘察中对岩溶发育地区的下列部位宜查明土洞和土洞群的位置。

（1）土层较薄、土中裂隙及其下岩体洞隙发育部位。

（2）岩面张开裂隙发育，石芽或外露的岩体与土体交接部位。

（3）两组构造裂隙交会处和宽大裂隙带。

（4）隐伏溶沟、溶槽、漏斗等，其上有软弱土分布的负岩面地段。

（5）地下水强烈活动于岩土交界面的地段和大幅度人工降水地段。

（6）低洼地段和地表水体附近。

（二）搜集相关资料与人员配备

搜集相关资料步骤与一般勘察要求相同。相关设备及人员准备与一般勘察要求相同。

三、现场勘察

（一）工程地质测绘与调查

1. 调查内容

除应遵守工程地质测绘与调查的一般规定外，还应调查下列内容。

（1）岩溶洞隙的分布、形态和发育规律。

（2）岩面起伏、形态和覆盖层厚度。

（3）地下水赋存条件、水位变化和运动规律。

（4）岩溶发育与地貌、构造、岩性、地下水的关系。

（5）土洞和塌陷的分布、形态和发育规律。

（6）土洞和塌陷的成因及其发展趋势。

（7）当地治理岩溶、土洞和塌陷的经验。

2. 勘察技术手段

一般采用电测井方法，早前发展起来的地质雷达、层析成像技术等主要用于确定岩溶溶洞、土洞和塌陷等分布、形态和充填情况。

遥感技术广泛应用于工程岩溶地区的地质调查工作中，主要查明岩溶地貌形成的层组和地质构造等。主要用于大型项目的选址。

（二）测试和观测

岩溶勘察的测试和观测宜符合下列要求。

一是当追索隐伏洞隙的联系时，可进行连通试验。

二是评价洞隙稳定性时，可采取洞体顶板岩样和充填物土样做物理力学性质试验，必要时可进行现场顶板岩体的载荷试验。

三是当需查明土的性状与土洞形成的关系时，可进行湿化、胀缩、可溶性和剪切试验。

四是当需查明地下水动力条件、潜蚀作用、地表水与地下水联系，预测土洞和塌陷的发生、发展时，可进行流速、流向测定和水位、水质的长期观测。

四、岩土工程评价

岩溶场地岩土工程评价应包括如下内容。

第一，当场地存在下列情况之一时，可判定为未经处理，不宜作为地基的不利地段：①浅层洞体或溶洞群，洞径大，且不稳定的地段；②埋藏的漏斗、槽谷等，并覆盖有软弱土体的地段；③土洞或塌陷成群发育地段；④岩溶水排泄不畅，可能暂时淹没的地段。

第二，当地基属下列条件之一时，对二级和三级工程可不考虑岩溶稳定性的不利影响：①基础底面以下土层厚度大于独立基础宽度的 3 倍或条形基础宽度的 6 倍，且不具备形成土洞或其他地面变形的条件。②基础底面与洞体顶板间岩土厚度虽小于规定，但符合下列条件之一时：洞隙或岩溶漏斗被密实的沉积物填满且无被水冲蚀的可能；洞体基本质量等级为Ⅰ级或Ⅱ级岩体，顶板岩石厚度大于或等于洞跨；洞体较小，基础底面大于洞的平面尺寸，并有足够的支承长度；宽度或直径小于 1.0m 的竖向洞隙、落水洞近旁地段。

第三，当不符合上述第二个条件时，应进行洞体地基稳定性分析，并符合下列规定：

①顶板不稳定，但洞内为密实堆积物充填且无流水活动时，可认为堆填物受力，按不均匀地基进行评价；②当能取得计算参数时，可将洞体顶板视为结构自承重体系进行力学分析；③对于有工程经验的地区，可按类比法进行稳定性评价；④在基础近旁有洞隙和临空面时，应验算向临空面倾覆或沿裂面滑移的可能；⑤当地基为石膏、盐岩等易溶岩时，应考虑溶蚀继续作用的不利影响；⑥对于不稳定的岩溶洞隙，可建议采用地基处理或桩基础。

第四，岩溶勘察报告除应符合岩土工程勘察报告的一般规定之外，还应包括下列内容：①岩溶发育的地质背景和形成条件；②洞隙、土洞、塌陷的形态、平面位置和顶与底标高；③岩溶稳定性分析；④岩溶治理和监测的建议。

五、防治处理措施

一般来说，岩溶塌陷的防治措施包括控水措施、工程加固措施和非工程性的防治措施。

（一）控水措施

1. 地表水防水措施

（1）清理疏通河道，加速泄流，减少渗漏。

（2）对于漏水的河、库、塘，铺底防漏或人工改道。

（3）对于严重漏水的洞穴，用黏土、水泥灌注填实。

2. 地下水控水措施

根据水资源条件，规划地下水开采层位、开采强度、开采时间，合理开采地下水，加强动态监测。在危险地段对岩溶通道进行局部注浆或帷幕灌浆处理。

（二）工程加固措施

清除填堵法：用于相对较浅的塌坑、土洞。

跨越法：用于较深大的塌坑、土洞。

强夯法：用于消除土体厚度小、地形平坦的土洞。

钻孔充气法：设置通风调压装置，破坏岩溶封闭条件，减小冲爆塌陷发生的机会。

灌注填充法：用于埋深较深的溶洞。

深基础法：用于深度较大、不易跨越的土洞，常用桩基工程。

旋喷加固法：浅部用旋喷桩形成“硬壳层”（厚10 ~ 20m即可），其上再设筏板基础。

（三）非工程性的防治措施

开展岩溶地面塌陷的风险评价。

开展岩溶地面塌陷的试验研究，找出临界条件。

增强防灾意识，建立防灾体系。

岩溶塌陷的防治尽管难度较大，但只要因地制宜地采取综合措施，岩溶塌陷灾害完全可以防治。

第二节　滑坡勘察

斜坡岩土体沿着贯通的剪切破坏面所发生的滑移现象，称为滑坡。滑坡的机制是某一滑移面上剪应力超过了该面的抗剪强度所致。滑坡的规模有的可以很大，达数亿至数十亿立方米。

滑坡的特征通常是较深层的破坏，滑移面深入坡体内部；质点位移矢量水平方向大于铅直方向；有依附面（滑移面）存在；滑移速度往往较慢，且具有“整体性”。

滑坡是斜坡破坏形式中分布最广、危害最严重的一种。世界上许多国家和地区深受滑坡灾害之苦，如欧洲的阿尔卑斯山区、高加索山区，南美洲的安第斯山区等。

一、工作准备

（一）了解勘察目的和任务

一是查明滑坡的现状，包括滑坡周界范围、地层结构、主滑方向；平面上的分块、分条，纵剖面上的分级；滑动带的部位、倾角、可能形状；滑动带岩土特性等滑坡的诸形态要素。

二是查明引起滑动的主要原因。在调查分析滑坡的现状和滑坡历史的基础上，找出引起滑坡的主导因素；判断是首次滑动的新生滑坡还是再次滑动的古老滑坡的复活。

三是获得合理的计算参数。通过勘探、原位测试、室内试验、反算和经验比拟等综合分析，获得各区段（牵引段、主滑段和抗滑段）合理的抗剪强度指标。

四是综合测绘调查、工程地质比拟、勘探及室内外测试结果，对滑坡当前和工程使用期内的稳定性作出合理评价。

五是提出整治滑坡的工程措施或整治方案。对于规模较大的滑坡以及滑坡群，宜加以避让；防治滑坡宜采用排水（地面水和地下水）、减载、支挡、防止冲刷和切割坡脚、改善滑动带岩土性质等综合性措施，且注意每种措施的多功能效果，并以控制和消除引起滑动的主导因素为主，辅以消除次要因素的其他措施。

六是提出是否要进行监测和制作监测方案。

（二）收集相关资料与人员配备

搜集相关资料步骤与一般勘察要求相同。相关设备及人员准备与一般勘察要求相同。

二、现场勘察

（一）工程地质测绘与调查

第一，工程地质测绘与调查的范围应包括滑坡区及其邻近稳定地段，一般包括滑坡后壁外一定距离，滑坡体两侧自然沟谷和滑坡舌前缘一定距离或江、河、湖水边。测绘比例尺为1∶200～1∶1000，可根据滑坡规模选用；用于整治设计的测绘比例尺为1∶200～1∶500。

第二，收集地质、水文、气象、地震和人类活动等相关资料。

第三，注意查明滑坡的发生与地层结构、岩性、断裂构造（岩体滑坡尤为重要）、地貌及其演变、水文地质条件、地震和人为活动因素的关系，找出引起滑坡复活的主导因素。

第四，测绘、调查滑坡体上各种裂缝的分布，发生的先后顺序、切割关系；滑坡的形态要素和演化过程，圈定滑坡周界；分清裂缝的力学属性，作为滑坡体平面上的分块或纵剖面分段的依据。

第五，通过裂缝的调查、测绘，分析判断滑动面的深度和倾角大小，并指导勘探工作。

第六，对于岩体滑坡，应注意缓倾角的层理面、层间错动面、不整合面、断层面、节理面和片理面等的调查，若这些结构面的倾向与坡向一致，且其倾角小于斜坡前缘临空面倾角，则很可能发展成为滑动面。对于土体滑坡，则首先应注意土层与岩层的接触面，其次应注意土体内部的岩性差异界面。

第七，应注意测绘调查树木的异态、工程设施的变形等；滑动体上或其邻近的建筑物（包括支挡物和排水构筑物）的裂缝，但应注意区分滑坡引起裂缝与施工裂缝、不均匀沉降裂缝、自重与非自重黄土湿陷裂缝、膨胀土裂缝、温度裂缝和冻胀裂缝的差异，避免误判。

第八，调查、测绘地下水特征、泉水冒出地点及流量、地表水自然排泄沟渠的分布和断面、湿地的分布和变迁情况等。

第九，围绕判断是首次滑动的新生滑坡还是再次滑动的古老滑坡进行调查。

第十，当地整治滑坡的经验。对滑坡的重点部位应摄影或录像。

（二）勘探

勘探工作的主要任务是查明滑坡体的地质结构、滑动面的位置、展布形状、数目和滑带岩土性质，查明地下水情况，采取岩土试样进行试验等。

勘探线应在测绘、调查基础上，沿滑动主轴方向布设。根据滑坡规模和分块、分条情况，在主轴线两侧亦应布设勘探线或勘探点。在各勘探线上，勘探点的间距一般不宜大于40m。在滑坡体转折处和预计采取工程措施的地段，应有一定数量的勘探点。勘探方法除钻探和触探外，应有一定数量的探井。

为直接观察地层结构和滑动面，或为原位大型剪切试验，宜布设一定数量的探井或探槽。为准确查明滑动面的位置，对于土体滑坡，可布设适量静力触探点；对于岩体滑坡，可采用合适的物探手段。

一般性勘探点的深度应穿过最下一层滑动面；少量控制性勘探点的深度应超过滑坡体前缘最低剪出口标高以下的稳定地层内一定深度，以满足滑坡治理需要。

滑坡勘察应进行下列工作：①查明各层滑坡面（带）的位置；②查明各层地下水的位置、流向和性质；③在滑坡体、滑坡面（带）和稳定地层中采取土试样进行试验。

在滑坡体内、滑动面（带）和稳定地层内，均应采取足够数量的岩土试样进行试验。

为查明地下水的类型、各层地下水位、含水层厚度、地下水流向、流速、流量及其承压性质，应布设专门性钻孔，或利用其他钻孔进行上述水文地质测试，必要时应设置地下水长期观测孔。

滑坡勘探宜采用管式钻头、全取心钻进。土质滑坡宜采用干钻，钻进过程中应细致地观察、描述和注意钻进难易的记录。以下迹象可能是滑动面（带）位置。

①通过小间距取样（0.5m或更小），测定和绘制含水量随深度的变化曲线，含水量最大处，可能是滑动面（带）。

②所采取岩心经自然风干，岩心自然脱开处可能是滑动面；破碎地层与完整地层的界面也可能是滑动面位置；大型、超大型滑坡可能出现地层重复现象，结合测绘调查分析判断是否属滑动面（带）。

③孔壁坍塌、卡钻、漏水、涌水，甚至套管变形、民用水井井圈错位等都可能是滑动面位置，但应结合其他情况进行综合分析判断。

④扰动严重，常有夹杂物或变色层，并有擦痕。

⑤常为软弱结构面，厚度小、力学强度低。

（三）测试和监测

测试工作为了验算滑坡的稳定性，必须对滑带土进行抗剪强度试验，以求取C指标。

土的强度试验宜符合下列要求：①采用室内、野外滑面重合剪，滑动带宜做重塑土或原状土多次剪试验，并求出多次剪和残余剪的抗剪强度；②采用与滑动受力条件相似的方法；③采用反分析方法检验滑动面的抗剪强度指标。对于大型和重要的滑坡，则除采样进行室内试验外，还需做滑带土的原位测试。

对于监测工作、规模较大以及对工程有重要影响的滑坡，应进行监测。滑坡监测的内容包括：滑带（面）的孔隙水压力；滑体内外地下水位、水质、水温和流量；支挡结构承受的压力及位移；滑体上工程设施的位移等。关于滑坡监测资料，结合降雨、地震活动和人为活动等因素综合分析，可作为滑坡时间预报的依据。

三、岩土工程评价

滑坡稳定性的综合评价应根据滑坡的规模、主导因素、滑坡前兆、滑坡区的工程地质和水文地质条件，以及稳定性验算结果进行，并应分析发展趋势和危害程度，提出治理方案的建议。

滑坡勘察报告除应符合岩土工程勘察报告的一般规定之外，还应包括下列内容：滑坡的地质背景和形成条件；滑坡的形态要素、性质和演化；提供滑坡的平面图、剖面图和岩土工程特性指标；滑坡稳定分析；对滑坡防治和监测的建议，对整治方案的建议。

四、治理措施

（一）治理原则

一是滑坡的治理要贯彻以防为主、整治为辅、及时治理的原则。

二是尽量避开大型滑坡所影响的位置。

三是对于大型复杂的滑坡，应采用多项工程综合治理；对于中小型滑坡，应注意调整建筑物或构筑物的平面位置，以求经济技术指标最优。

四是对发展中的滑坡要进行整治，对古老滑坡要防止复活。

五是对可能发生滑坡的地段要防止滑坡的发生；整治滑坡应先做好排水工程，并针对形成滑坡的因素采取相应措施。

（二）治理措施

1. 排水

（1）地表排水主要是设置截水沟和排水明沟系统。截水沟是用来截排来自滑坡体外的坡面径流；在滑坡体上设置树枝状的排水明沟系统，以汇集滑坡范围内坡面径流引导出滑坡体外。

（2）地下排水为了排出地下水，可设置各种形式的渗沟或盲沟系统，以截排来自滑坡体外的地下水流。滑坡体内的地下水可通过排水盲沟、廊道、排水钻孔、集水井等形式排出。

2. 支挡

在滑坡体下部修筑挡土墙、抗滑桩或用锚杆加固等工程以增加滑坡下部的抗滑力。在使用支挡工程时，应该明确各类工程的作用。如滑坡前缘有水流冲刷，则应首先在河岸做支挡等防护工程，然后考虑滑体上部的稳定。

3. 削方减重

通过削减坡度角或降低坡高，以减轻斜坡不稳定部位的质量，从而减少滑坡上部的下滑力。如拆除坡顶处的房屋和搬走重物等。使用中可采用上部减荷、下部反压及减荷与反压相结合的措施。

4. 改善滑动面（带）的岩土性质

为了改良岩土性质、结构，以增加坡体强度，此类措施有：对岩质滑坡采用固结灌浆；对土质滑坡采用电化学加固、冻结、焙烧等。此外，还可针对某些影响滑坡滑动因素进行整治，如防水流冲刷、降低地下水位、防止岩石风化等措施。

5. 其他

其他措施有：采用人工护坡和植物护坡的方法防止水流对坡面的冲刷和风化；线路工程的防御和绕避等措施。

第三节 危岩和崩塌勘察

一、概述

（一）崩塌

斜坡岩土体被陡倾的拉裂面破坏分割，突然脱离母体而快速位移、翻滚、跳跃和坠落下来，堆于崖下，即为崩塌。按崩塌的规模，可分为山崩和坠石。按物质成分，又可将崩塌分为岩崩和土崩。大小不等、凌乱无序的岩块（土块）呈锥状堆积在坡脚的堆积物称为崩积物，也称为岩堆或倒石堆。

崩塌的特征是：一般发生在高陡斜坡的坡肩部位；质点位移矢量垂直方向比水平方向

要大得多；崩塌发生时无依附面；往往是突然发生的，运动快速。

（二）崩塌的分类

Ⅰ类：规模大，落石方量大于5000m³，破坏力强，破坏后果很严重。

Ⅱ类：规模较大，介于Ⅰ类与Ⅲ类之间，破坏后果严重。

Ⅲ类：规模小，落石方量小于500m³，破坏力小，破坏后果不严重。

二、危岩和崩塌勘察工作

（一）工作准备

1. 了解勘察目的和任务

查明产生崩塌的条件及其规模、类型、范围，并对崩塌区作出建筑场地适宜性评价以及提出防治方案建议。危岩和崩塌勘察宜在可行性研究或初步勘察阶段进行。

2. 搜集相关资料

与一般勘察要求相同。

3. 人员配备

相关设备及人员准备与一般勘察要求相同。

（二）现场勘察

1. 工程地质测绘

（1）危岩和崩塌地区勘察以工程地质测绘为主，测绘的比例尺宜采用1：500～1：1000；崩塌方向主剖面的比例尺宜采用1：200。

（2）崩塌区的地形地貌及崩塌类型、规模、范围，崩塌体的大小和崩落方向。

（3）崩塌区岩体的基本质量等级、岩性特征和风化程度。

（4）崩塌区的地质构造、岩体结构类型、结构面的产状、组合关系、闭合程度、力学属性、延展及贯穿情况。

（5）气象（重点是大气降水）、水文、地震和地下水活动情况。

（6）崩塌前的迹象和崩塌原因，当地防治崩塌的经验等。

2. 现场监测

当崩塌区下方有工程设施和居民点时，需判定危岩稳定性时，应对岩体张裂缝进行监测。对于有较大危害的大型崩塌，应结合监测结果对可能发生崩塌的时间、规模、滚落方向、危害范围等作出预报。

（三）岩土工程评价

Ⅰ类：难以治理的，不宜作为工程场地，线路应绕避。

Ⅱ类：应对可能产生崩塌的危岩进行加固处理，线路应采取防护措施。

Ⅲ类：易于处理，可作为工程场地，但应对不稳定危岩采取治理措施。

危岩和崩塌区的岩土工程勘察报告除应遵守岩土工程勘察报告的一般规定之外，还应阐明危岩和崩塌区的范围、类型，并提出防治方案的建议。

（四）防治措施

崩塌的防治只适用于小型崩塌。路线通过小型崩塌区时，防治的方法分为防止崩塌产生的措施及拦挡防御措施。

防止崩塌产生的措施有削坡、清除危石、胶结岩石裂隙、引导地表水流，以避免岩石强度迅速变化，防止差异风化以避免斜坡进一步变形及提高斜坡稳定性。具体措施如下。

一是爆破或打楔。将陡崖削缓，并清除易坠的岩石。

二是堵塞裂隙或向裂隙内灌浆。有时为使单独岩坡稳定，可采用铁链锁绊或铁夹，以提高有崩塌危险岩石的稳定性。

三是调整地表水流。在崩塌地区上方修截水沟，以阻止水流流入裂隙。

四是为了防止风化，将山坡和斜坡铺砌覆盖起来，或在坡面上喷浆。

五是修筑御塌棚。

六是筑防护墙及围护棚（木、石、铁丝网等）以阻挡坠落石块，并及时清除围护建筑物中的堆积物。

七是在软弱岩石出露处修筑挡土墙，以支持上部岩石的质量（这种措施常用于修建铁路路基而需要开挖很深的路堑时）。

第四节　泥石流勘察

一、概述

泥石流是山区特有的一种自然地质现象。它是由于降水（暴雨、冰川、积雪融水）产生在沟谷或山坡上的一种挟带大量泥砂、石块和巨砾等固体物质的特殊洪流，是高浓度的固体和液体的混合颗粒流，俗称“走蛟”“出龙”“蛟龙”等。它的运动过程介于山崩、滑坡和洪水之间，是各种自然因素（地质、地貌、水文、气象等）或人为因素综合作用的结果。由于泥石流暴发突然、运动很快、能量巨大、来势凶猛、破坏性非常强，常给山区工农业生产建设造成极大危害，对山区铁路、公路的危害也尤为严重。

二、泥石流勘察工作

（一）工作准备

1. 了解勘察目的和任务

查明泥石流的形成条件和泥石流的类型、规模、发育阶段、活动规律，并对工程场地作出适宜性评价，提出防治方案的建议。泥石流勘察应在可行性研究或初步勘察阶段进行。

2. 收集相关资料

与一般勘察要求相同。

3. 人员配备

相关设备及人员准备与一般勘察要求相同。

（二）现场勘察

1. 工程地质测绘与调查

泥石流勘察应以工程地质测绘和调查为主，测绘范围应包括沟谷至分水岭的全部地段和可能受泥石流影响的地段。测绘比例尺：对于全流域宜采用1：50000；对中下游可采用1：2000～1：10000。工程地质测绘应调查下列内容：

（1）冰雪融化和暴雨强度、一次最大降雨量、平均及最大流量、地下水活动等情况。

（2）地形地貌特征，包括沟谷的发育程度、切割情况、坡度、弯曲、粗糙程度，并划分泥石流的形成区、流通区和堆积区，圈绘整个沟谷的汇水面积。

（3）形成区的水源类型、水量、汇水条件、山坡坡度、岩层性质和风化程度；查明断裂、滑坡、崩塌、岩堆等不良地质作用的发育情况，及可能形成泥石流固体物质的分布范围、储量。

（4）流通区的沟床纵横坡度、跌水、急弯等特征；查明沟床两侧山坡坡度、稳定程度、沟床的冲淤变化和泥石流的痕迹。

（5）堆积区的堆积扇分布范围、表面形态、纵坡、植被、沟道变迁和冲淤情况；查明堆积物的性质、层次、厚度、一般粒径和最大粒径；判定堆积区的形成历史、堆积速度，估算一次最大堆积量。

（6）泥石流沟谷的历史，历次泥石流的发生时间、频数、规模、形成过程、暴发前的降雨情况和暴发后产生的灾害情况。

（7）开矿弃渣、修路切坡、砍伐森林、陡坡开荒和过度放牧等人类活动情况。

（8）当地防治泥石流的经验。

2. 勘探测试

当需要对泥石流采取防治措施时，应进行勘探测试，进一步查明泥石流堆积物的性质、结构、厚度、固体物质含量、最大粒径、流速、流量、冲出量和淤积量。

（三）岩土工程评价

泥石流地区工程建设适宜性的评价，应符合下列要求。

一是I_1类和II_1类泥石流沟谷不应作为工程场地，各类线路宜避开。

二是I_2类和II_2类泥石流沟谷不宜作为工程场地，当必须利用时应采取治理措施；线路应避免直穿堆积扇，可在沟口设桥（墩）通过。

三是I_3类和II_3类泥石流沟谷可利用其堆积区作为工程场地，但应避开沟口，线路可在堆积扇通过，可分段设桥和采取排洪、导流措施，不宜改沟、并沟。

四是当上游大量弃渣或进行工程建设改变了原有供、排平衡条件时，应重新判定产生新的泥石流的可能性。

五是泥石流岩土工程勘察报告，除应遵守岩土工程勘察报告的一般规定之外，还应包括下列内容：①泥石流的地质背景和形成条件；②形成区、流通区、堆积区的分布和特征，绘制专门工程地质图；③划分泥石流类型，评价其对工程建设的适宜性；④泥石流防治和监测的建议。

（四）防治措施

泥石流有不同的特点，相应的治理措施也应有所不同。在以坡面侵蚀及沟谷侵蚀为主的泥石流地区，应以生物措施为主，辅以工程措施；在崩塌、滑坡强烈活动的泥石流发生（形成）区，应以工程措施为主，兼用生物措施；而在坡面侵蚀和重力侵蚀兼有的泥石流地区，则以综合治理效果最佳。

第五节　场地和地基的地震效应勘察

一、概述

地震指地壳表层因弹性波传播所引起的振动作用或现象。地震按其成因可分为构造地震、火山地震和陷落地震。此外，还有因水库蓄水、深井注水、采矿和核爆炸等导致的诱发地震。强烈的地震常伴随地面变形、地层错动和房屋倒塌。由地壳运动引起的构造地震是地球上数量最多、规模最大、危害最严重的一类地震。

地震的震级和烈度是衡量地震的强度，即地震大小对建筑物破坏程度的尺度。地震震级是衡量地震本身大小的尺度，由地震所释放出来的能量大小来衡量，释放的能量越大则震级越大，而地震烈度是衡量地震所引起的地面震动强烈程度的尺度。在地震影响范围内所出现的各种震害或破坏，称为地震效应。

二、场地和地基的地震效应勘察工作

（一）了解勘察目的和要求

勘察目的：判定场地土有无液化的可能性，评价液化等级和危害等级，提出抗液化措施的建议。勘察要求主要包括如下方面。

在抗震设防烈度等于或大于Ⅵ度的地区进行勘察时，应确定场地类别。当场地位于抗震危险地段时，应根据《建筑抗震设计规范》（GB 50011—2010）的要求，提出专门研究的建议。

对于需要采用时程分析的工程，应根据设计要求，提供土层剖面、覆盖层厚度和剪切波速等有关参数。任务需要时，可进行地震安全性评估或抗震设防区划。

对于为划分场地类别布置的勘探孔，当缺乏资料时，其深度应大于覆盖层厚度。当覆盖层厚度大于80m时，勘探孔深度应大于80m，并分层测定剪切波速。对于10层和高度为30m以下的丙类和丁类建筑，无实测剪切波速时，可按《建筑抗震设计规范》（GB 50011—2010）的规定，按土的名称和性状估计土的剪切波速。

抗震设防烈度为Ⅵ度时，可不考虑液化的影响，但对沉陷敏感的乙类建筑，可按Ⅵ度进行液化判别。甲类建筑应进行专门的液化勘察。

场地地震液化判别应先进行初步判别，当初步判别认为有液化可能时，应再进一步判别。液化的判别宜采用多种方法，综合判定液化可能性和液化等级。

液化初步判别除按现行国家有关抗震规范进行外，还应包括下列内容进行综合判别：①分析场地地形、地貌、地层、地下水等与液化有关的场地条件；②当场地及其附近存在历史地震液化遗迹时，应分析液化重复发生的可能性；③倾斜场地或液化层倾向水面或临空面时，应评价液化引起土体滑移的可能性。关注点：地震液化的进一步判别应在地面以下15m的范围内进行；对于桩基和基础埋深大于5m的天然地基，判别深度应加深至20m。对判别液化而布置的勘探点不应少于3个，勘探孔深度应大于液化判别深度。

地震液化的进一步判别，除应按《建筑抗震设计规范》（GB 50011—2010）的规定执行外，还可采用其他成熟方法进行综合判别。当采用标准贯入试验判别液化时，应按每个试验孔的实测击数进行。在需做判定的土层中，试验点的竖向间距宜为1.0～1.5m，每层土的试验点数不宜少于6个。

对于抗震设防烈度等于或大于Ⅵ度的厚层软土分布区，宜判别软土震陷的可能性和估算震陷量。

场地或场地附近有滑坡、滑移、崩塌、塌陷、泥石流、采空区等不良地质作用时，应进行专门勘察，分析评价在地震作用时的稳定性。

（二）地震液化的防治和建筑物抗震措施

1. 地震液化的防治措施

（1）合理选择建筑场地。在强震区应合理选择建筑场地，尽量避开可能液化土层分布的地段。一般应以地形平坦、地下水埋藏较深、上覆非液化土层较厚的地段作为建筑场地。

（2）地基处理。地基处理可以消除液化可能性或减轻其液化程度。地震液化的地基处理措施很多，主要有换土、增加盖重、强夯、振冲、砂桩挤密、爆破振密和围封等方法，可以部分或全部消除液化的影响。

（3）基础和上部结构选择。建立于液化土层上的建筑物若为低层或多层建筑，以整体性和刚度较好的筏基、箱基和钢筋混凝土十字形条基为宜；若为高层建筑，则应采用穿过液化土层的深基础，如桩基础、管桩基础等，以全部消除液化的影响，切不可采用浅摩擦桩。此外，应增强上部结构的整体刚度和均匀对称性，合理设置沉降缝。

2. 建筑物抗震措施

（1）建筑场地的选择。《建筑抗震设计规范》（GB 50011—2010）规定：选择建筑场地时，应根据工程需要、地震活动情况、工程地质和地震地质的有关资料，对抗震有利、一般、不利和危险地段做出综合评价。对于不利地段，应提出避开要求；当无法避开时，应采取有效措施；对于危险地段，严禁建造甲、乙类建筑，不宜建造丙类建筑。

选择建筑场地时应注意以下几点。

①尽可能地避开强烈振动效应和地面效应的地段作场地或地基。属此情况的有淤泥土层、饱水粉细砂层、厚填土层以及可能产生不均匀沉降的地基。

②避开活动性断裂带和与活动断裂有联系的断层，尽可能地避开胶结较差的大断裂破碎带。

③避开不稳定的斜坡或可能会产生斜坡效应的地段，例如，已有崩塌、滑坡分布的地段、陡山坡及河坎旁。

④避免将孤立突出的地形位置作为建筑场地。

⑤尽可能地避开地下水位埋深过浅的地段作为建筑场地。

⑥岩溶地区存在浅埋大溶洞时，不宜作为建筑场地。

对抗震有利的建筑场地条件应该是：地形平坦开阔；基岩或密实的硬土层；无活动断裂破碎带；地下水位埋深较大；崩塌、滑坡、岩溶等不良地质现象不发育。

（2）持力层和基础方案的选择。地基持力层应以基岩或硬土为好，避免以高压缩性及液化土层作持力层。同一建筑物的基础不宜跨越在性质显著不同或厚度变化很大的地基土上，同一建筑物不要并用几种不同形式的基础。

（3）建筑物结构型式的选择。强震区房屋建筑与构筑物的平面和立面应力求简单方整，尽量使其质量中心与刚度中心重合，避免不必要的凸凹形状。若必须采用平面转折或立面层数有变化的型式，则应在转折处或连接处预留抗震缝。结构上应尽量做到减轻重量、降低重心、加强整体性，并使各部分构件之间有足够的刚度和强度。

参考文献

[1]刘俊岩，应惠清，刘燕.土木工程施工[M].北京：机械工业出版社，2022.

[2]刘将.土木工程施工[M].西安：西安交通大学出版社，2021.

[3]胡利超，高涌涛.土木工程施工[M].成都：西南交通大学出版社，2021.

[4]张泽平.土木工程施工[M].天津：天津科学技术出版社，2021.

[5]陶杰，彭浩明，高新.土木工程施工技术[M].北京：北京理工大学出版社，2020.

[6]郭正兴.土木工程施工[M].第3版.南京：东南大学出版社，2020.

[7]杨杰，龚丽飞，吴月龙.岩土勘察技术方法[M].北京：中国纺织出版社，2022.

[8]沈小康.岩土工程勘察与施工[M].成都：四川科学技术出版社，2022.

[9]福建省建筑设计研究院有限公司.岩土工程勘察标准[M].福州：福建科学技术出版社，2023.

[10]朱志铎.岩土工程勘察[M].南京：东南大学出版社，2022.

[11]刘之葵，牟春梅，谭景和，等.岩土工程勘察[M].第2版.北京：中国建筑工业出版社，2023.

[12]董孟能.房屋建筑和市政工程勘察设计质量通病防治措施技术手册[M].重庆：重庆大学出版社，2019.

[13]曹方秀.岩土工程勘察设计与实践[M].长春：吉林科学技术出版社，2022.

[14]康景文.超高层建筑岩土工程勘察实践与研究[M].北京：中国建筑工业出版社，2023.

[15]祁曜刚.复杂地质条件下岩土工程勘察技术的应用探究[J].房地产世界，2022（04）：82–83.

[16]何兆强.谈岩土工程勘察中常见问题及改进措施[J].中国住宅设施，2022（02）：139–141.

[17]张可.基于地基处理和岩土工程勘察过程中的常见问题及解决方法探讨[J].中国住宅设施，2022（02）：145–147.

[18]黄强.工程物探技术在岩土工程中的应用[J].江西建材，2022（02）：109–110.

[19]胡平.岩土工程勘察中的基础地质技术应用分析[J].工程与建设，2022，36（01）：41–42.

[20]贺全德.土木施工技术问题分析研究[J].江西建材，2021（01）：189.

[21]聂记良.土木施工中高水压富水隧道地下水控制技术要点[J].砖瓦，2021（01）：183–184.

[22]王爱国.山体滑坡灾害应急治理与灾后修复理论与实践[M].成都：西南财经大学出版社，2022.

[23]郑泽忠，何勇，刘强，等.滑坡地质灾害风险性评价与治理措施[M].成都：西南财经大学出版社，2022.

[24]王荣彦.土质边坡工程的概念设计与细部设计[M].郑州：黄河水利出版社，2021.

[25]姚广华，朱伟，杨本固.水文地质工程与勘查技术研究[M].哈尔滨：哈尔滨地图出版社，2020.